"十三五"国家重点出版物出版规划项目

面向可持续发展的土建类工程教育丛书

BIM 全过程一体化系列教材

基于 BIM 的造价管理

主　编	陈　正	黄　莹	樊红缨	
副主编	刘祖容	郑　兴	覃小香	
参　编	覃爱萍	唐碧秋	庞　洁	黄艳晖
	苏　莹	邱秀丽	朱　丽	黄羽双
	黄　婵	杨汉宁	欧阳命	张日芬
	何奇文	李小莲	潘家强	曾丽娟
	张　黎	张倩倩	蒋琼明	

机械工业出版社

工程造价管理是工程项目建设过程中的重点和难点，涵盖了建设项目概算、预算、结算等工作，在造价管理中充分运用 BIM 技术，不仅能提升工程造价管理水平、提高了工程造价工作效率，而且能够真正实现工程造价全过程管理。基于此，本书引入 BIM 技术，以工程造价管理基本理论为依托，结合 BIM 全过程应用及全过程造价控制思想对造价信息管理进行梳理，然后以斯维尔算量及计价软件为对象，详细介绍了基于 BIM 算量模型的建立和工程造价的确定过程，最后结合工程案例进行了软件操作的演示。

　　本书可作为高等院校工程造价、工程管理、工程监理、土木工程等专业及领域的教材，也可作为从事工程造价、项目管理、BIM 应用等工作的工程人员的参考书，还可作为工程类资格证书、BIM 类资格证书考试复习的参考教材。

　　本书配有授课 PPT 等教学资源，免费提供给选用本书的授课教师，需要者请登录机械工业出版社教育服务网（www.cmpedu.com）注册下载。

图书在版编目（CIP）数据

基于 BIM 的造价管理/陈正，黄莹，樊红缨主编. —北京：机械工业出版社，2021.4

（面向可持续发展的土建类工程教育丛书）

"十三五"国家重点出版物出版规划项目　BIM 全过程一体化系列教材

ISBN 978-7-111-68307-0

Ⅰ.①基…　Ⅱ.①陈…②黄…③樊…　Ⅲ.①建筑工程-工程造价-应用软件-高等学校-教材　Ⅳ.①TU723.32-39

中国版本图书馆 CIP 数据核字（2021）第 095039 号

机械工业出版社（北京市百万庄大街 22 号　邮政编码 100037）
策划编辑：李　帅　责任编辑：李　帅
责任校对：李　杉　封面设计：张　静
责任印制：郜　敏
三河市国英印务有限公司印刷
2021 年 8 月第 1 版第 1 次印刷
184mm×260mm · 9.5 印张 · 234 千字
标准书号：ISBN 978-7-111-68307-0
定价：32.00 元

电话服务　　　　　　　　　网络服务
客服电话：010-88361066　　机　工　官　网：www.cmpbook.com
　　　　　010-88379833　　机　工　官　博：weibo.com/cmp1952
　　　　　010-68326294　　金　书　网：www.golden-book.com
封底无防伪标均为盗版　　机工教育服务网：www.cmpedu.com

前　言

建筑信息模型（BIM）技术作为工程项目数字化建设和运维的基础性技术，是未来建筑行业的重要发展趋势之一，其重要性正在日益显现，BIM 的应用和推广正在给建筑行业发展带来历史性变革。"十三五"以来，我国建筑行业相关部门对 BIM 应用研究的力度加大，批准设立了一系列产业化应用研究项目，包括"基于 BIM 的预制装配建筑体系应用技术研究"和"绿色施工与智慧建造关键技术研究"等。全国已有一大批工程在不同程度上应用了BIM 技术，促进了企业技术水平和管理能力的提升，取得了较好的经济、环保和社会效益。随着建筑行业智能化、数字化时代的到来，从行业发展和政策引导上，培养具备全过程咨询能力＋BIM 技术应用能力＋项目管理能力＋项目实操能力的复合型人才是新时代新工科背景下人才培养的新目标。在此前提下，高等院校对原有课程体系和教材内容的调整已经刻不容缓。为了及时将国家标准规定的最新计价方法、造价管理理念以及前沿的 BIM 技术引入教材，我们根据新形势下普通高等教育土木工程、工程管理、工程造价等本、专科专业人才培养目标对工程造价课程教学的要求，并结合当前业内工程造价管理工作实际，编写了本教材，旨在满足新形势下我国对相关专业人才培养的迫切需求。

本教材贯彻"以素质教育为基础、以应用为导向、以能力为本位、以学生为主体"的编写初衷，以工程造价的基础理论为依托，结合 BIM 技术的实际应用，开展项目式教学，重视学生自主学习能力的培养，实现培养高端复合型人才的目标。本教材的编写团队来自土建领域具有丰富实践经验和扎实理论基础的专业教师和行业专家，秉持着复合型人才培养至上的理念，遵循"新工科"精神，注重教材的知识关联与实际问题的解决。本教材遵循工程管理面向全过程开展的发展趋势，引导学生深入理解造价管理的核心思想；同时精心挑选典型的工程案例，通过"手把手"教学将 BIM 技术在造价领域的应用过程进行讲解，有助于提升学生应用 BIM 的能力。本教材内容新颖，图文并茂，易学易懂。

本教材分为 7 章，各章内容遵循了理论与实践相结合的原则。从工程造价基本原理到BIM 造价软件的实际操作逐步展开，梳理了造价管理和 BIM 的基本含义，通过对传统造价管理存在缺陷的梳理，分析 BIM 技术对其的改进及应用，侧重从造价信息管理的角度说明基于 BIM 的造价管理流程，并以斯维尔 BIM for Revit 系列软件为基础，系统介绍了基于Revit 模型的工程量计算和工程计价的软件操作过程。本教材既涵盖软件基础应用，又辅以案例讲解，由浅入深，结合造价管理基本思想完整地介绍了软件的操作功能和实际案例中的具体使用方法。本教材力求将工程造价管理基本思想与 BIM 技术进行深度融合，反映建筑行业内造价管理的发展方向，有很强的实用性。

本教材由广西大学陈正和黄莹、深圳市斯维尔科技股份有限公司樊红缨担任主编，由广西大学刘祖容、深圳市斯维尔科技股份有限公司郑兴、南宁职业技术学院覃小香担任副主编，广西大学覃爱萍、桂林电子科技大学唐碧秋、广西财经学院庞洁、广西工业职业技术学院黄艳晖、贺州学院苏莹、贺州学院邱秀丽、广西生态工程职业技术学院朱丽、广西生态工程职业技术学院黄羽双、广西民族大学黄婵、南宁学院杨汉宁、桂林理工大学博文管理学院欧阳命、广西科技大学鹿山学院张日芬、河池学院何奇文、广西水利电力职业技术学院李小莲、百色职业学院潘家强、广西经贸职业技术学院曾丽娟、广西农业职业技术学院张黎、柳州城市职业学院张倩倩、北部湾大学蒋琼明参与编写。

　　本教材涉及内容广泛，相关规范及技术仍在不断完善，限于编者水平，书中难免有疏漏或不足之处，敬请广大读者和专家批评指正。

编　者

目　录

第1章　建设工程造价管理概述

■ 1.1　工程造价的含义及造价组成

1.1.1　工程建设的基本概念

工程建设也称为基本建设，是指固定资产扩大再生产的新建、扩建、改建、恢复工程及与之相关的其他工作。实质上，工程建设是把一定的物质资料如建筑材料、机器设备等，通过购置、建造和安装等活动转化为固定资产，形成新的生产能力或使用效益的过程，即形成新的固定资产的经济活动过程。与此相关的其他工作，如征用土地、勘察设计、筹建机构和生产职工培训等也属于工程建设的组成部分。

工程建设的内容主要包括：

1）建筑工程。指通过对各类房屋建筑及其附属设施的建造和与其配套的线路、管道、设备的安装活动所形成的工程实体。其中"房屋建筑"指有顶盖、梁柱、墙壁、基础以及能够形成内部空间，满足人们生产、居住、学习、公共活动等需要的厂房、剧院、旅馆、商店、学校、医院和住宅等；"附属设施"指与房屋建筑配套的水塔、自行车棚、水池等。"线路、管道、设备的安装活动"指与房屋建筑及其附属设施相配套的电气、给排水、通信、电梯等线路、管道、设备的安装活动。

2）安装工程。指各种设备、装置的安装工程。通常包括电气、通风、给排水以及设备安装等工作内容，工业设备及管道、电缆、照明线路等往往也涵盖在安装工程的范围内。

3）设备、工器具及生产家具的购置。指车间、学校、医院、车站等所应配备的各种设备、仪器、工卡模具、器具、生产家具和备品备件等的购置。

4）其他工程建设。指除上述以外的各种工程建设，如勘察设计、征用土地、拆迁安置、生产职工培训、科学研究等。

为了满足工程建设管理和造价需要，工程建设项目划分为建设项目、单项工程、单位工程、分部工程和分项工程5个基本层次，并按照分部组合计价的思想完成工程建设项目的造价确定，按全过程控制的思想完成造价控制。

1.1.2　工程造价的含义

工程造价是指工程（工程泛指一切建设工程）的建造价格，即以货币形式反映工程在施工活动中所耗费的各种费用的总和。在市场经济条件下，从不同角度分析，工程造价有不同含义。

1. 第一种含义

从投资者（业主）的角度分析，工程造价是指为建设一项工程所预期开支或实际开支的全部固定资产投资费用，即一项工程通过建设形成相应的固定资产、无形资产所需一次性费用的总和，包括设备及工器具购置费、建筑安装工程费、工程建设其他费、预备费和建设期利息。

2. 第二种含义

从市场交易、工程发包与承包的角度分析，工程造价是指为建成一项工程，预计或实际在土地市场、设备市场、技术劳务市场以及有形建筑市场等交易活动中所形成的建筑安装工程费用或建设工程总费用，通常把工程造价的第二种含义认为工程承发包价格。这里的工程既可以是整个建设工程项目，也可以是一个或几个单项工程或单位工程，如建筑安装工程、装饰装修工程等。随着科学技术的进步、社会分工的细化和交易市场的完善，工程价格的种类和形式也更加丰富。

我国现行建筑安装工程费用项目构成可按两种不同的方法划分，即按费用构成要素划分和按造价形成划分，如表1-1所示。

表1-1 建筑安装工程费用项目构成

划分方法	包含项目	备注
按费用构成要素划分	人工费、材料费、施工机具使用费、企业管理费、利润、规费和税金	《建筑安装工程费用项目组成》（建标〔2013〕44号文）
	直接费、间接费、利润和增值税（其中直接费包括人工费、材料费和施工机械使用费；间接费包括企业管理费和规费）	《广西壮族自治区建设工程费用定额》（桂建标〔2016〕16号文）
按造价形成划分	分部分项工程费、措施项目费、其他项目费、规费和税金	《建筑安装工程费用项目组成》（建标〔2013〕44号文）
	分部分项工程费、措施项目费、其他项目费、规费、税前项目费和增值税（其中措施项目费包括单价措施费和总价措施费）	《广西壮族自治区建设工程费用定额》（桂建标〔2016〕16号文）

无论采用哪种划分方法，确定建筑安装工程项目费用均需计算人工费、材料费、施工机具使用费、企业管理费、利润、规费和税金。

■ 1.2 工程计价模式

工程计价是对建筑工程产品价格的计算。工程造价的计价模式是指根据计价依据计算工程造价的程序和方法，具体包括工程造价计价的程序、计价的方式以及最终价格的确定等诸项内容。根据《建筑安装工程费用项目组成》（建标〔2013〕44号文），就造价形成而言，工程计价内容包括分部分项工程费、措施项目费、其他项目费、规费和税金五部分费用。目前，我国工程造价的计价模式主要为两种：工料单价法和工程量清单计价法。

1.2.1 工料单价法

工料单价法是以国家、地方或行业主管部门统一颁布的计价定额为依据，按定额规定的子目逐项计算分项工程项目或单价措施项目（如脚手架、模板等）工程量，再以工程量乘以相应项目的工料单价并接一定基数计算管理费和利润后，汇总得到分部分项工程费或单价措施费，然后根据取费基础和费率计算总价措施费，将分部分项工程费、措施项目费、其他项目费、规费和税金汇总而生成建筑安装工程费。其基本原理示意图如图1-1所示。

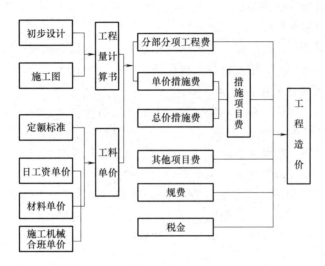

图1-1 工料单价法的基本原理示意图

工料单价法以工料单价作为计算依据，工料单价仅包括人工、材料和施工机具使用费，属于不完全单价。工料单价一方面以定额基价作为取费基础，另一方面考虑当时当地市场价格，通过单位估价表来表达，其定价的核心是以定额为基础。

用公式进一步表明工料单价法计价的基本方法和程序如下：

$$项目单价 = 工料单价 \tag{1-1}$$

$$工料单价 = 人工费 + 材料费 + 施工机具使用费 \tag{1-2}$$

$$人工费 = \sum(人工工日数量 \times 人工单价) \tag{1-3}$$

$$材料费 = \sum(材料消耗量 \times 材料单价) + 工程设备费 \tag{1-4}$$

（此处，工程设备费指构成或计划构成永久工程一部分的机电设备、金属结构设备、仪器装置及其他类似的设备和装置的费用。）

$$施工机具使用费 = \sum(施工机械台班消耗量 \times 机械台班单价) +$$
$$\sum(仪器仪表台班消耗量 \times 仪器仪表台班单价) \tag{1-5}$$

$$项目合价 = \sum 工料单价 \times 项目工程量 \tag{1-6}$$

$$建安工程费 = \sum 项目合价 + 总价措施项目费 + 其他项目费 + 规费 + 税金 \tag{1-7}$$

从工料单价法计价过程可见，编制建设工程造价最基本的工作有两项：工程量的计算和工料单价的确定。

1.2.2 工程量清单计价法

1. 工程量清单计价基本概念

工程量清单计价是一种区别于工料单价法的计价方法，是一种主要由市场定价的计价方法，是由建设产品的买方和卖方在建设市场中根据供求状况、信息状况进行自由竞价，从而最终能够签订工程合同价格的方法。因此，工程量清单计价法是建设市场建立、发展和完善过程中的必然产物。

工程量清单是表现拟建工程的分部分项工程项目、措施项目、其他项目名称和相应数量的明细清单。工程量清单按清单计价规范进行编制，核心内容为分项工程项目名称及其相应数量，是招标文件的组成部分。

采用工程量清单计价法进行建设工程施工招投标时，招标人按照国家统一的工程量计算规则提供工程数量，由投标人依据招标人提供的工程量清单自主报价。

2. 工程量清单计价法的基本原理

以招标人提供的工程量清单为依据，投标人根据自身的技术、财务、管理能力进行投标报价，招标人根据具体的评标细则进行优选，这种计价方式是市场定价体系的具体表现形式。因此，在市场经济比较发达的国家，工程量清单计价法非常流行，随着我国建设市场的不断成熟和发展，工程量清单计价法逐渐成为主要的计价方式。

（1）工程量清单计价的基本方法与程序　工程量清单计价的基本过程可以描述为：在统一的工程量计算规则的基础上，制定工程量清单项目设置规则，根据具体工程的施工图纸计算出各个清单项目的工程量，再根据各种渠道所获得的工程造价信息和经验数据计算得到工程造价。其计价过程示意图如图1-2所示。

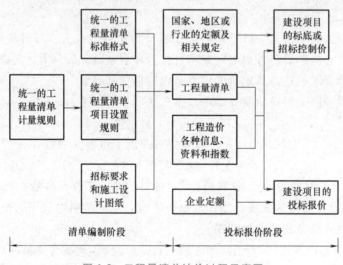

图1-2　工程量清单计价过程示意图

从图1-2中可以看出，其编制过程可以分为两个阶段：工程量清单的编制和根据工程量清单来投标报价。

（2）综合单价　工程量清单计价以综合单价作为计算依据。综合单价是指完成一个规

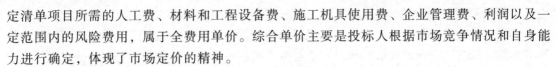

定清单项目所需的人工费、材料和工程设备费、施工机具使用费、企业管理费、利润以及一定范围内的风险费用，属于全费用单价。综合单价主要是投标人根据市场竞争情况和自身能力进行确定，体现了市场定价的精神。

工程量清单计价法以国家或地方颁布的清单计价规范为依据，按清单工程量计算规则计算项目工程量，根据拟定的综合单价计算分部分项工程费或单价措施费，然后根据取费基础和费率计算总价措施费，最后将分部分项工程费、措施项目费、其他项目费、规费和税金汇总而生成建筑安装工程费。用公式进一步表明工程量清单计价的基本方法和程序如下：

$$项目单价 = 综合单价 \qquad (1-8)$$

$$综合单价 = 人工费+材料费+施工机具使用费+取费基数×（企业管理费率+利润率）+风险费 \qquad (1-9)$$

$$项目合价 = \sum 综合单价×项目工程量 \qquad (1-10)$$

$$建安工程费 = \sum 项目合价+总价措施项目费+其他项目费+规费+税金 \qquad (1-11)$$

对比工料单价法和工程量清单计价法，可以发现无论哪种计价方法，其工程造价确定的流程都是类似的，均为在计算工程量的基础上，乘以相应的项目单价，而后汇总各项费用得到工程造价。因此，工程计价可以分为工程量计算和工程组价两个环节。

1.3　工程计价的特点

不管用哪一种计价方式，工程计价均有以下特点：

1. 计价的单件性

建筑工程产品的个别差异性决定了每项工程都必须单独计算工程造价。不同建设项目有不同的特点、功能和用途，因而导致其结构不同、项目所在地的气象、地质、水文等自然条件不同，以及建造地点、物价、社会经济等不同，都会直接或间接影响项目的工程造价。因此，每一个建设项目都必须因地制宜进行单独计价。

2. 计价的多次性

建设工程是按建设程序分阶段进行的，具有周期长、规模大、造价高的特点，这就要求在工程建设的各个阶段多次计价，以保证造价计算的准确性和控制的有效性。多次计价是不断深化、细化和接近实际造价的过程。

3. 计价的组合性

工程造价是逐步汇总计算而成的，一个建设项目总造价由各个单项工程造价组成，一个单项工程造价由各个单位工程造价组成，一个单位工程造价是由分部分项工程造价汇总计算得出，这都体现了计价组合的特点。所以，工程造价的计价组合过程：分项工程单价→分部工程造价→单位工程造价→单项工程造价→建设项目造价。

4. 计价方法的多样性

建设工程是按程序分阶段进行的，工程造价在各个阶段的精确度要求也各不相同，因而工程造价的计价方法也不是唯一和固定的。在可行性研究阶段，投资估算的方法有设备系数法、生产能力指数估算法等。在施工图设计阶段，施工图纸较完整，计算预算造价的方法有定额法和实物法等。不同的方法有不同的适用条件，计价方法应根据具体情况加以选择。

5. 计价依据的复杂性

工程造价构成的复杂性、影响因素众多和计价方法的多样性决定了其计价依据的复杂性和多样性。目前，工程计价依据体系主要包括工程造价管理标准体系、工程计价定额体系和工程计价信息体系。

1）工程造价管理标准。工程造价管理标准除了法律、法规外，还包括国家标准和行业标准。按照管理性质，主要包括基础标准、管理规范、操作规程、质量管理标准和信息管理规范。

2）工程计价定额。工程定额主要指国家、地方或行业主管部门制定的各种定额，包括工程消耗量定额和工程计价定额等。工程消耗量定额是按照正常施工条件制定的，生产一个规定计量单位工程合格产品所需人工、材料、机械台班的社会平均消耗量标准。工程计价定额是指直接用于工程计价的定额或指标，包括预算定额、概算定额、概算指标和投资估算指标等。

长期以来，定额作为我国工程造价领域主要的计价依据，发挥了巨大的作用，但是在市场经济下，随着投资体制改革的不断深化，现代建筑市场体系不断完善，定额扮演的角色面临转型。《住房城乡建设部关于进一步推进工程造价管理改革的指导意见》（建标〔2014〕142号）明确了工程定额的定位：对国有资金投资工程，作为其编制估算、概算、最高投标限价的依据，对其他工程仅供参考。《建设工程定额管理办法》（建标〔2015〕203号）第12条规定："各主管部门可通过购买服务等多种方式，充分发挥企业、科研单位、社团组织等社会力量在工程定额编制中的基础作用，提高定额编制科学性、及时性。鼓励企业编制企业定额。"多元化的工程定额体系将逐渐形成，改变了以往工程定额仅由政府部门单一编制的现象，这也将迫使企业注重加强造价数据积累、积极利用信息技术、转变工作方式。

3）工程计价信息。工程计价信息是指工程造价管理机构发布的建设工程人工、材料、工程设备、施工机具的价格信息，以及各类工程的造价指数、指标。计价信息与管理标准和工程定额最大的区别在于其实时性，计价信息涉及的数量及其波动性要远远大于管理标准和工程定额。但计价信息又直接决定着工程造价的最终结果。因此，借助信息技术手段，及时更新计价信息，这也是目前造价管理工作的要求。

■ 1.4 工程造价管理

1.4.1 工程造价管理的含义

工程造价管理是运用科学的技术原理和方法，在符合政策和遵循客观规律的前提下，按统一目标、各负其责的原则，为确保建设工程的经济效益和有关各方的经济权益而对建筑工程造价进行的全过程、全方位的管理活动。相对于工程造价的两种含义，工程造价管理也有两种含义：一是建设工程投资费用管理，二是工程价格管理。其总的目标一是造价本身投入产出比合理；二是使工程投资始终处于受控状态，因而包括合理确定和有效控制工程造价两方面基本内容。

按照项目阶段对建设工程项目实行造价管理时，各阶段的具体工作内容因管理依据和目标有所区别。合理确定工程造价，是在建设程序的各个阶段，采用科学的、切合实际的计价依据，合理确定投资估算、设计概算、施工图预算、承包合同价、竣工结算价和竣工决算价。有效控制工程造价，是在投资决策阶段、设计阶段、项目发包阶段和实施阶段，把建设工程的造价控制在拟定的目标内，随时纠正偏差，以保证项目投资控制目标的实现。比如在施工图设计阶段，按照施工图、预算定额及有关取费标准编制施工图预算。在工程招投标阶段按照施工图、消耗定额及有关取费标准编制招标控制价或确定合同价，在施工阶段则依据合同价进行控制、依据合同规定的调整范围及调价方法对造价进行修正。

1.4.2 我国传统造价管理中存在的问题

随着我国建筑业的发展，人们对于建筑物的要求已经不仅仅停留在基础功能上，而对建筑的美观性、综合使用性、舒适度、绿色生态性等有更多的要求，这使得项目的复杂性和难度大幅度增加，也随之加大了工程造价管理的难度。在过去的一段时间里，为了合理地确定造价，工程量等基础性数据的统计耗用了造价人员 70% 左右的时间，造价管理的工作大量消耗在造价确定上，真正体现管理价值的造价控制工作却未能充分展开。目前传统造价管理中主要存在的问题有：

1. 造价管理过程无法与造价信息的时时变动保持一致

建筑工程具有周期长的特点，在整个建造过程中，由于市场的波动、政策调整以及各种意外因素，建筑材料的价格、人工单价、机械台班使用费用、计算费率、实际完成的工程量等会产生较大的变化。这些变动的信息往往通过变更单等形式传递给造价管理人员，无法做到时时更新和无一遗漏，因而造成造价管理工作效率低下，甚至失效。

2. 造价信息在不同阶段和不同参与者之间不能有效传递

在编制造价的过程中，造价人员需要与其他专业的人员进行沟通交流，及时解决图纸相关问题。但实际开展时，建筑、结构、机电等不同专业有自己的图纸表达，造价人员需要投入更多精力去解读相关信息和完成信息沟通，造成人力资源的浪费。受制于专业技能的差异和项目时间节点的约束，一些信息并不能正确或完整解读，造成信息的丢失，从而导致造价管理工作的失效。

在施工阶段，需要实时监管、控制成本，并与预算进行对比，及时对施工中的成本偏差进行修正，这就需要造价人员对施工现场材料的使用、图纸的变更、施工进度等情况及时掌控。然而传统的造价管理方法中，造价人员从施工现场不能及时了解到最新的信息，导致信息滞后，对成本控制造成极大影响。同时，建设单位、设计单位、施工单位对项目信息的掌握程度也是不同步、不一致的。

3. 信息处理和存储方式偏于静态和手工作业

造价管理人员专业技能相对较低，具备综合素质的管理人才和高级专业管理人才稀缺。近几年虽然从事造价管理方面的人员在不断增加，但主要还是通过套定额来完成工程造价的编制和审核。定额虽然提供了数量标准，但是相对稳定和滞后，不能真正满足造价管理的要求。此外，大量的造价确定工作依赖于造价人员手工录入工程量或者调整工程价格，难免出现缺项漏项、错套漏套等问题，造成信息处理速度慢，正确率低。而最终的造价确定结果以计算文件形式存储，不易更新，不便交流。

4. 管理过程处于被动，缺乏预见，信息传递存在断层

传统的造价管理模式大都先完成设计，再进行成本控制，预算、结算结果相差较大。整个过程呈现被动、不连贯的管理。我国造价管理存在各环节之间的脱节现象。建设单位、设计单位、施工单位各管理层之间缺乏合理有效的沟通，各个单位之间信息传递不及时，造成造价管理在控制和交流中出现断层，导致造价管理人员之间相对独立，往往靠经验完成管理工作，有时造成不必要的损失。对于设计单位而言，部分设计人员由于经验不足，施工方面知识积累相对匮乏，在设计的过程中与施工方的信息交流不够，导致设计脱离实际，施工难度较大，导致后期设计变更。在施工过程中，施工人员对于图纸的理解不够全面，图纸问题不能及时得到交流解决，从而影响工期，导致成本上升。

我国传统造价管理还停留在粗放的管理阶段，精细化、信息化管理程度不足，严重不适应目前我国工程建设领域发展的趋势，因此进行管理模式的变革是大势所趋。

第2章 BIM概述

■ 2.1 BIM 的含义

1975 年"BIM 之父"Eastman 教授在其研究的课题"Building Description System"中提出"a computer-based description of a building",以便于实现建筑工程的可视化和量化分析,提高工程建设效率,创建了 BIM 理念。时至今日,人们对 BIM 的理解变得更为深入。

现阶段,人们普遍认为 BIM 即 Building Information Modeling(建筑信息模型),是将建筑工程中图形与非图形信息整合于数据模型中,而这些信息不只是可以应用于设计、施工阶段,亦可以应用于建筑物的整个生命周期。《建筑信息模型应用统一标准》(GB/T 51212—2016)将 BIM 作如下定义:在建设工程及设施全生命期内,对其物理和功能特性进行数字化表达,并依次设计、施工、运营的过程和结果的总称。BIM 的核心是通过建立虚拟的建筑工程三维模型,利用数字化技术,为这个模型提供完整的、与实际情况一致的建筑工程信息库。该信息库不仅包含描述建筑物构件的几何信息、专业属性及状态信息,还包含了非构件对象(如空间、运动行为)的状态信息。借助这个包含建筑工程信息的三维模型,大大提高了建筑工程的信息集成化程度,从而为建筑工程项目的相关利益方提供了一个工程信息交换和共享的平台。

在 BIM 的应用中,BIM 模型体现了以下特点:

1. 可视化

可视化即"所见所得",对于建筑行业来说,BIM 模型提供的可视化,将以往的线条式的构件形成一种三维的立体实物图形展示在人们的面前,并能够同构件之间形成互动性和反馈性。由于项目形成的过程都是可视的,一些专业表达的差异被大大弱化,提升了项目沟通和决策的效率。

2. 协调性

协调是管理的本质,也是项目管理的重点内容。由于项目的参与者众多,一旦项目的实施过程遇到问题,就要将相关人员组织起来开协调会,以期能更有效地解决问题。然而,传统沟通的媒介为图纸和专业人员,受到二维表达和人为因素的制约,沟通的效率偏低。比如在设计时,各专业设计师独立作业,各司其职,然而各专业之间的沟通有限,导致实际施工中出现各种碰撞问题,比如管线绕梁、洞口开设不当等。BIM 建筑信息模型可在建筑物建造前期对各专业的碰撞问题进行协调,生成协调数据,以供方案优化。此外,它还辅助解决例如电梯井布置与其他设计布置及净空要求的协调、防火分区与其他设计布置的协调、地下排水布置与其他设计布置的协调等问题。

3. 模拟性

模拟性并不是只能模拟设计的建筑物模型，还可以模拟不能在真实世界中进行操作的项目。在设计阶段，BIM可以对设计上需要进行分析的一些项目或参数进行模拟实验。例如：节能模拟、日照模拟、热能传导模拟等；在招投标和施工阶段可以进行4D模拟（三维模型加项目的发展时间），也就是根据施工的组织设计模拟实际施工流程，从而确定合理的施工方案来指导施工。同时还可以进行5D模拟（基于4D模型加造价控制），从而实现精细的施工成本控制；后期运营阶段可以模拟日常紧急情况的处理方式，例如地震人员逃生模拟及消防人员疏散模拟等。

4. 优化性

事实上工程项目整个设计、施工、运营的过程是一个不断优化的过程。当然优化和BIM模型并不存在实质性的必然联系，但在BIM模型的基础上可以做更好的优化。优化受三种因素的制约：信息、复杂程度和时间。没有准确的信息，做不出合理的优化结果，BIM模型提供了建筑物的实际存在的信息，包括几何信息、物理信息、规则信息，还提供了建筑物变化以后的实际存在信息。复杂程度较高时，参与人员本身的能力无法掌握所有的信息，必须借助一定的科学技术和设备的帮助。现代建筑物的复杂程度大多超过参与人员本身的能力极限，BIM模型及与其配套的各种优化工具提供了对复杂项目进行优化的可能。

5. 可出图性

BIM模型不仅能绘制常规的建筑设计图纸及构件加工的图纸，还能通过对建筑物进行可视化展示、协调、模拟、优化，并在图模一致下，出具各专业图纸及深化图纸，使工程表达更加详细。

■ 2.2 BIM 对传统造价管理的改进

无论是定额计价模式还是清单计价模式，在造价的最小计价单元分项工程费用的计算上，计算思路均可以表达为工程数量与工程单价相乘。而过去的造价管理工作，耗时最大的就是工程量的计算，最难控制的就是工程单价。因而，在引入BIM技术后，传统造价管理的改进首先从造价确定的基本工作开始，而后在全过程造价控制中进行。

2.2.1 对造价确定工作的改进

对造价确定工作的改进主要体现在以下两方面：

1. 工程量的计算

工程量是项目经济管理、工程造价控制的核心任务，正确、快速地计算工程量是这一核心任务的首要任务。在计算机技术尚未普及应用时，建筑行业主要是以人工方式进行数据信息整理和收集：主要由造价员根据工程图纸和相应的工程量计算规则计算出此项目的工程量。由于工程项目体量庞大、相关人员识图能力差异大、计算规则掌握程度不一，加上设计变更的影响，庞大的工程量在有限的人力运算下，往往存在大量错漏，直接影响了最终工程造价确定的正确性。伴随着BIM模型的建立和三维算量软件的发展，BIM模型自身带有工程量的属性，不仅可以帮助造价人员核查工程信息，确认数据的准确性，而且能根据模型参数自动完成工程量的计算，既提高了工程量计算的准确性，也提高了计算的效率。

2. 价格信息的获取

在传统的管理模式下，工程造价主要依据定额价格和市场信息价进行确定，然而在实际施工过程中，受到施工周期长、市场价格波动等因素影响，工程的基本构成要素人工、材料和机械的费用会发生相应的变化。而这些信息发生变动时，业主方、施工方、材料供应方无法在第一时间进行信息传递，各方根据签证等手续进行变更，手续复杂且信息滞后，对造价影响较大。基于 BIM 的价格信息可以作为 BIM 模型中一个参数，通过互联网实现参数与市场价格的实时对接，这样就能快速地基于 BIM 模型完成造价的调整。以上海中心大厦为例，项目持续时间近 10 年。在设计期初，方案中设计了上万个室内喷水灭火系统所需的喷头。当时，只有德国的一家公司能够提供满足这种需求的喷头，其价格为 1000 元/个。进入施工实施阶段后，国内市场上出现了同类产品，经检测能够满足该项目的使用需求，其价格不到 100 元/个。因此，设计方第一时间通过 BIM 平台，将原先方案更换成国内某公司提供的喷头，施工方和材料供应方第一时间掌握了该信息，并在喷水灭火系统安装之前将该喷头采购到位，为项目节约了大量的成本。借助于 BIM 平台的协同性，不仅提升了变更工作的效率，更有助于准确地确定工程造价。

2.2.2　对造价控制工作的改进

对造价控制工作的改进主要体现在以下方面：

1. 有利于资源管理

利用 BIM 模型提供的数据库，有利于项目管理者合理安排资金计划、进度计划等资源计划。具体地说，使用 BIM 软件快速建立项目的三维模型，利用 BIM 数据库，赋予模型内各构件时间信息，通过自动化算量功能，计算出实体工程量后，可以对数据模型按照任意时间段、任一分部分项工程细分其工作量，也可以细分某一分部工程所需的时间；进而也可结合 BIM 数据库中的人工、材料、机械等价格信息，分析任意部位、任何时间段的"实时"造价，由此快速地制订项目的进度计划、资金计划等资源计划，合理调配资源，并及时准确掌控工程成本，高效地进行成本分析及进度分析。因此，从项目整体上看，提高了项目的管理水平。

2. BIM 为造价管理提供支撑

因为 BIM 模型可以赋予工程构件时间信息、工序信息、区域位置信息等，基于 BIM 模型可以实现不同维度的多算对比。在数据库支撑下，可准确、快速地实现任意条件的统计和拆分，保证了短周期、多维度成本分析的需要。在计算方面给造价人员节省了大量的时间，由此造价管理人员可以将更多的精力放到造价控制上，进一步实现工程造价精细化管理。

3. 有利于全过程造价管理

在传统工程造价管理过程中，参与造价管理的人员多，协同的难度大，往往局限于某个阶段的造价管理，按既定的程序展开工作，难以实现真正的全过程造价控制。通过 BIM 平台，各阶段、各参与方之间的造价控制变得容易。基于 BIM 的可视化、信息互用、可追溯性等特点，建设工程各参与方可以共享相同的 BIM 模型，在可视化窗口下，快速进行交流和沟通；在项目实施的不同阶段，BIM 模型可以根据实际情况实时更新信息，并在各阶段、各参与方之间进行传达，打破了传统信息传递的屏障，将原先孤立的造价控制有效地协同在一起，从而促进全过程造价管理工作的顺利实施。

■ 2.3 BIM 在工程造价管理中的应用

BIM 在工程造价管理中的应用主要体现在以下阶段：

1. BIM 在投资决策阶段的应用

在建设工程项目的投资决策阶段，最为重要的就是根据投资估算指标、以往类似工程造价资料、现行设备材料价格编制投资估算。在评估多个投资方案时，利用 BIM 模型对多个方案进行优化比选，为决策者做好造价信息资源的辅助，选择最佳的投资方案。

2. BIM 在设计阶段的应用

建设工程项目的设计阶段对整个工程项目的造价管理以及项目的成本和质量起着至关重要的作用。通过 BIM 技术搭建的信息共享平台，能够让建设工程项目参与方及时地参与设计阶段的各项工作，运用 BIM 模型的碰撞检查及模拟通行可以发现不合理的设计之处，及时修改，避免在施工过程中出现过多的设计变更，以期降低施工成本，更有效地控制工程造价。

3. BIM 在招投标阶段的应用

工程项目招投标阶段的主要工作是按照施工图、计价定额及有关取费标准编制招标控制价或确定合同价。BIM 技术的介入使得招标单位和投标单位能够在共同搭建的信息共享平台上进行工程量清单的导出和复核，能够让工程造价管理人员能够把精力放在"计价"上，推动建设工程造价精细化管理。并且由于信息共享平台的实时更新、公开透明，能够使监管部门对建设工程项目招投标活动进行有效监督和管理，保证招投标工作的公开、公平、公正。

4. BIM 在施工阶段的应用

在工程项目施工过程中，基于 BIM 依据合同规定的调整范围及调价方法对造价进行修正、办理工程阶段性结算并依据合同进行造价控制。此外，施工方可以利用 BIM 模型进行碰撞检查、施工方案比选、虚拟建造以及三维场地布置，从而优化施工组织设计，提升施工过程管理的质量，降低施工成本。

5. BIM 在竣工验收阶段的应用

随着工程项目的进展，BIM 模型不断被赋予实时更新的工程信息。在竣工结算阶段，基于 BIM 的三维可视化模型相较于传统的竣工图信息量更大，数据更完整，并且可以利用该模型快速完成实际工程量的测算以及体现实施过程中价格的变化，有效避免在竣工结算过程中，因量价变化发生的纠纷，提高结算效率。此外，以 BIM 模型作为竣工资料提交时，具有丰富信息数据的建设项目信息模型不仅方便储存归档，而且可以直观、便捷地为今后相似建设工程提供经验和数据。

虽然 BIM 技术的引入必将促进工程造价全过程管理的实现，提升造价管理的质量和效率，但由于目前技术手段并不完全成熟，因此，现阶段 BIM 的应用仅仅还处于单阶段或者单方应用之上。

■ 2.4　造价管理相关软件

2.4.1　工程算量软件

工程算量软件主要功能是完成工程量的计算在工程造价的确定和控制中起着举足轻重的作用。工程量是工程造价控制和确定的前提，工程量计算是编制工程预算的基础工作，约占编制整个工程预算工作量的 60% 以上。工程量计算的快慢程度和精确程度会直接影响到整个预算工作的速度和质量。从我国实行工程量计算方法以来，先后出现了手工算量、表格算量、软件算量等计算方法。相比于传统的手工算量和表格算量，软件算量无论在计算时间还是在计算精度上都有相当大的优势。相较于传统工程量计算，BIM 三维算量具有以下优势：

1. 运算智能化

在算量软件中完成 BIM 模型导入或建立后，软件根据选择的构件搭接方式或者内置的计算规则，实现相连构件衔接处的自动扣减，如梁与柱、梁与板相交部位，软件将自动进行体积扣减，保证算量的准确性。软件内置的计算规则可编辑，造价人员可根据不同的设计计算要求、清单计算规则、定额计算规则和不同地区的规则要求进行设置，使得算量计算更符合当地的要求。

2. 计算效率高

算量软件能够智能识别工程设计图的电子文档，高效识别出轴网、柱、梁、墙、板、洞口、柱筋、梁筋、墙筋、板筋等，简化构件定位，而一些常规构造构件，可以根据设计规范实现智能布置，因而从技术上根本解决了工程量计算工作费时费力的难题。在进行工程量统计时，可依据图纸自行选择，避免人为计算失误，提高计算结果精确度。

3. 根据需求，可以自动组合所需工程量，满足信息层次性要求

面对不同层次的管理者的信息需求上，软件可以按照工程量分类进行汇总，也可以按照楼层、材料等分类并输出项目工程量计算书。

4. 三维显示，直观性强

在三维算量模型建立或导入后，可以多视觉缩放模型，方便用户查看和检查各构件相互间的三维空间关系和计算结果，直观可视，有利于用户深入了解设计信息。

5. 输出结果开放性好

工程量计算的结果既是招投标阶段工程量清单的重要内容，也是后续造价确定和控制工作的重要基础。算量软件能够按照清单计价规范要求的表格形式输出工程量结果，也可以将工程量计算的结果以表格或者文件形式导入后续的计价软件中，与"清单计价"软件无缝连接，工程量计算结果能自动在"清单计价"软件中完成相关换算处理。

2.4.2　工程计价软件

工程量计算完成后组价是工程计价的核心。基于 BIM 基础，计价软件可以直接从算量软件中导入相关工程量，并将定额项目与清单项目结合在一起，既能完成定额计价模式下的工程估价，又能快速、准确地完成清单计价模式下的组价、自动计算各报价等一系列复杂的工作。

我国现有计价软件有很多种，在建筑装饰装修工程项目中，除了斯维尔清单计价、广联达计价、鲁班计价外，还有博奥、广龙、宏业、品茗计价、新奔腾、福莱等。因为各地所用的定额各不相同，所以各地所用的计价软件也不同，如：广西多用博奥、广龙，四川用宏业，广东用新奔腾，山东用福莱，等等。但一些大型软件公司开发的计价软件，如斯维尔、广联达等，能在软件里直接加载各地的定额，供各地使用。众多计价软件，具体如何选择，主要看当地政府相关主管部门备案要求用什么软件或交易中心和定额站用什么软件，再看业主和审计、财政部门用什么软件，最后才考虑软件性能和操作性问题。

相比于以往手工计价或电子表格计价，软件计价的优势包括以下几点：

1. 简化计算、准确快捷

在操作软件时，如果已经具备算量模型，可直接导入工程量计算结果，否则，则需根据工程实际情况，准确录入必要的原始数据，结合信息价或相关费率要求，通过软件自动计算，各类计价表、工料分析表、材差表、取费表等计算表格快速生成。

2. 报表规范、存档有序

软件在每个工程计算完成后，可生成相应报表，以便查看和打印。报表的格式根据有关规范要求，在软件程序中已经设定，无须用户编辑，直接使用即可。用户也可以根据自己的要求对现有报表格式进行修改、保存，便于以后调用。手工抄写、复写报表的历史将一去不复返。保存文件时，可以根据不同要求，分类存放，而且操作简单，只要把它们保存到不同文件夹里即可，查询时方便快捷、一目了然。

3. 编制定额、自动排版

计价软件不仅可以用于编制概预算、审核结算，还可以用来编制概预算定额、单位估价表。传统作业中，编制定额全靠手工，成千上万条定额子目都要靠使用计算器来算价，数以千计的估价表要靠手工填写，另外还有大量烦琐的校对和计算复核工作。编制定额（估价表）不仅耗时耗力，而且由于采用手工编制，定额（估价表）出版发行后，错误较多，勘误不断，给使用者带来极大的不便。用计价软件编制定额（估价表）可自动完成所有定额子目中基价、人工费、材料费、机械费的计算，计算结果准确性高；同时用户可以按照估价表格式的要求进行设置，再运行软件中自动排版的功能，生成的估价表既准确又美观。此外，价格库和定额库具有关联功能，可快速完成材料更换，方便对相关定额的修改。

现阶段，计价软件的普遍使用已经辅助造价管理人员在造价确定的效率上有了极大的飞跃。本书综合考虑算量和计价工作的一体性及 BIM 技术深入开展的需要，以斯维尔算量软件和斯维尔计价软件为平台，进行后续内容的介绍。

第3章 基于BIM的造价信息管理

■ 3.1 建设工程信息

3.1.1 建设工程信息的特点

．建设工程项目是在一定的约束条件下，以形成固定资产为特定目标，达到规定要求的一组相互关联的受控活动组成的特定过程，不仅参与者众多，而且工序繁多。建设工程项目的完成经历了提出建设项目建议书、开展可行性研究、进行项目设计、委托施工、实施施工到竣工验收等一系列活动，众多的参与部门和人员围绕项目的开展，对工程进度、工程费用、工程质量、物资采购、工程安全、组织沟通等多方面开展工作，因而形成了大量的数据、资料和文件等，统称为建设工程信息。

信息是事物及其属性标识的集合，是经过加工处理的数据，具有时效性、层次性、共享性、可存储性、价值性、增值性、系统性等特点。建设工程信息除具有一般信息的特点外，还具有以下自身的特殊属性：

（1）信息内容构成具有繁杂性 工程项目的建设过程往往是多部门、多专业、甚至跨地区合作的过程。不同部门、不同专业关心的信息内容不尽相同。比如，业主更关心项目的规模与工程进展、投资是否得到有效控制等；设计单位更关心设计成果的先进性、安全性，甚至是美观性；施工单位更关心施工成本、材料设备的供应情况、施工工艺的合理性等。建筑工程相关专业关心的是土建施工所用的混凝土、钢筋等材料的强度、品种等，而安装工程相关专业关心的是各种管材、线材或者开关阀门的规格和尺寸。然而，各类信息却统一作用在建设工程项目上，互相制约和影响。

（2）信息来源具有广泛性 项目建设的各环节和各方参与者均会产生信息。项目信息可能来自项目系统外部，比如政策、法规、气象信息、市场价格等；也可能来自项目体系内，比如设计文件、施工方案、合同信息等。不同的参与者在实施管理过程中，对项目的进度、质量、安全等问题均有可能提出需求或发布指令，从而形成来自于政府、业主、设计、监理、施工、供应商等不同主体的信息。这些信息作用在建设工程项目上，影响着项目管理目标的实现。

（3）信息作用时间较长 建设信息伴随着工程的进展而产生，有些信息一直延续到工程竣工验收后的管理、使用和维护阶段。比如设计图纸伴随着设计的完成而产生，在施工过程中起到指导作用，而后在运营过程中作为信息的载体，保管并为维修提供依据。

（4）信息使用的频繁性较高，关联性较强　建设工程各阶段产生的信息都具有承上启下的作用，各参与方、各个管理方产生的信息都具有关联性。业主在可行性研究阶段提出的项目要求，决定了项目投资估算，而这些要求和投资估算的信息成为设计阶段确定设计成果的依据之一，并且是整个建设期造价控制的标准。

（5）信息形式多、载体丰富　在工程建设过程中项目建议书、可行性研究、初步设计、施工图设计、竣工验收、运行管理等多个阶段均会产生包括声音、图像、图纸、文字、数据等不同类型的信息，这些信息以纸质材料、照片、胶片、磁带、多媒体等形式存在。这些载体一方面丰富了信息的存储途径，但另一方面也造成了信息查询的不便。

3.1.2　建设工程各阶段信息分析

建设工程开展的过程中，每一项活动都伴随着信息的处理和利用。建设工程信息在时间维度上涵盖整个项目生命期，从建设程序上可划分为决策阶段、设计阶段、施工招投标阶段、施工准备及施工实施阶段、竣工验收及移交几个阶段，各阶段的工作目的和内容不尽相同，因而其信息需求也有一定的不同。

项目决策阶段所需的信息主要包括市场信息、资源信息、自然环境信息、政治法律信息以及项目需求信息等，决策者根据这些信息评判项目的可行性，做出是否立项的评判。这个阶段的信息主要以辅助决策为主，大多属于宏观信息，以抽象描述性为主，比如各类估算指标，涉及几何尺寸等信息相对较少。

项目设计阶段主要按照投资者的需求，完成项目的设计，所需信息主要包括决策阶段的可研报告、投资估算、业主需求、工程勘察信息、同类工程相关信息，以及通过设计师的工作形成的初步设计和施工图设计等成果信息。这个阶段的信息加工过程是将决策阶段的功能性描述转换为可实施性模型的过程。模型中蕴含的信息是后续工作开展的主要依据，不仅需要详细的几何信息和材质信息，也需要能够支持后续阶段信息共享、信息跟踪。

施工招投标阶段是协助建设单位优选施工单位的一个重要阶段。在清单计价体系下，招标单位准确地编制工程量清单和招标控制价是合理开展招投标工作的前提。从这个角度出发，所需信息主要包括设计方案信息、工程造价市场变化信息、相关计算规范、图集信息、政府调价文件等。这个阶段的信息以工程量清单为基础，工程量清单的准确性和完整性是设计阶段的主要成果向工程量这一量化指标有效转换的关键。同时，招标控制价是否合理影响着招投标工作是否顺利以及招标人的利益是否得以保障。招标控制价的确定除了与工程量清单的准确性和完整性有关，还与价格确定过程中选取的费率大小和人材机价格的有效性有密切关系。人工、材料和施工机具使用费作为确定工程造价最基本的要素，也是最活跃的要素，与市场的供需状况有着密切联系，无法仅由定额来确定。

施工准备及施工实施阶段是将设计成果落地实施的阶段。由于露天作业、实施周期长以及不确定因素多等原因，这个过程容易产生大量价格偏差。为了确保项目目标的实现，需要合理确定控制标准。就造价控制来说，及时掌握工程量和价格偏差是关键，即一是要合理确定工程量和价格的计划值，二是及时跟踪相关工程量及价格的变化信息，获得实际值。

竣工验收阶段是完成项目后，对项目完成产值和总投资的确认。这阶段的造价确定需要结合实际完成情况，进行合理调整后完成。而该阶段造价的合理确定，既与招投标阶段的合同订立要求密切相关，又受到施工实施阶段合同执行偏差程度的影响。

综上所述，尽管各阶段工作内容和目的不尽相同，对信息的需求亦有所区别，但就造价管理工作来说，准确确定工程量和合理确定工程价格始终是开展全过程造价管理的关键工作。

3.2 基于 BIM 的造价信息管理

3.2.1 造价信息管理的要求

建设工程信息管理是对建设工程信息的收集、整理、处理、储存、传递与应用等一系列工作的总称。建设工程项目的信息管理，应根据其信息的特点，有计划地组织信息沟通，以保证能及时、准确获得各级管理者所需要的信息，达到使其做出正确决策的目的。信息管理的对象一是信息资源，二是信息活动。建设工程信息管理应满足以下几方面的要求：

（1）要有严格的时效性 如果不严格注意时间，那么信息的价值就会随之消失。适时地提供信息，往往对项目管理十分有利，甚至可以取得良好的经济效益。对于项目管理者，费用目标是一个关键指标，而与项目投资密切相关的造价信息却是时时变动的。及时获取造价信息，就成为有效控制造价的一个重要方面。传统信息管理以纸质文档的管理为核心，其信息处理的速度远远无法跟上信息变化的速度。在新的环境下，改变信息管理的方式是提升造价管理效率的一个有效手段。

（2）要有针对性和实用性 信息管理的重要任务之一是为管理者提供赖以决策的信息，这些信息必须具备针对性和实用性，管理者才能及时做出准确判断。传统的信息管理不仅以纸质文档作为载体，更重要的是大量信息以原始数据的形式保留下来。项目管理者在进行决策时，往往需要大量统计信息或者未来趋势的分析数据，如果依赖于传统方式进行统计或分析，需要消耗大量的时间和人力。

（3）要有必要的精确性 信息是对原始数据的分析和处理，信息要达到使用的要求，必须具备必要的精确度。比如工程造价的确定，最基础的数据之一是工程量。工程量的计算与图纸标注尺寸的准确性、施工工艺的选取、工程量计算规则以及计算方法等因素有密切关系。如果工程量计算不准确，工程造价必定产生偏差，必定增加造价控制的难度。准确和快速的计算工程量，这是造价管理的一个基本要求。

造价管理是一个以信息为基础的工作，造价信息是一切有关工程造价的特征、状态及变动的消息组合，其对信息管理的要求除了上述要求外，还有信息共享性、全面性、搜索性等多方面的要求。传统的造价信息管理以手工作业为主，主要依赖文字资料存储，至少存在以下几方面的缺陷：

（1）信息传递速度慢 项目管理涉及的单位和部门众多，每一个单位或部门都在关注造价信息，而传统的方法如开会、发文等方式，信息传递的效率很低，及时掌握动态信息更显得十分困难。信息沟通速度跟不上，基本信息缺乏，项目管理各方无法及时决策，必然导致进度、投资、质量和合同等各方面问题的产生。

（2）信息加工量大，处理速度慢 造价信息虽然从大的方面来说，由工程量和价格两个方面的信息组成，但是由于工程项目规模大、单位工程多、构成复杂，导致影响工程量和价格变化的因素多且变动性大。依赖手工作业来处理，在数据的收集、汇总和分析上都难以保证满足工程管理的需要。此外，大量信息的存储目前仍以纸质方式来保管，这些信息随着工程进展而变化又随时需要调用，往往出现重要资料因保管不利而丢失、重要数据因查找工作量大而不能及时完整提供、纸质资料因使用者不同而反复整理等问题。

（3）信息流速快、信息量大、信息缺失量大　在工程承发包市场和工程建设过程中，工程造价总是在不停地运动着、变化着、伴随产生了大量的造价信息。项目管理者通过接收工程造价信息来了解建设市场动态、预测工程造价发展、实施造价管理。由于造价信息伴随着工程建设的开展而变化，几乎时时刻刻都在变化，产生的信息量巨大，同时信息流速很快，在传统技术手段下，信息的接收、加工、传递和利用无法及时获得，极易造成信息缺失，最终导致造价管理工作的低效。

（4）"信息孤岛"现象严重　工程项目的参与者众多，每一个参与者基于自身管理需求都有造价管理的要求，从而都需要对造价信息进行占有，同时根据自身需要进行加工处理，产生新的造价信息。一方面因加工主体的不同产生了海量的造价信息，另一方面因管理需求和目的不同，参与者各自为政，信息大多滞留在信息加工者手中，这必然导致"信息孤岛"现象。在此情形下，各方管理者不仅调用查阅信息不便，而信息难以共享，造价管理效率低下。

解决传统方式下造价信息管理的缺陷，首先应解决造价信息沟通的问题。信息沟通是交换和共享数据、信息或知识的过程，也是建设工程参与各方在项目建设过程中，运用现代信息和通信技术及其他合适的手段，相互传递、交流和共享项目信息和知识的行为和过程。其目的是建设项目参与各方之间共享项目信息和知识，使之在恰当的时间、恰当的地点，为恰当的人及时提供恰当的项目信息和知识。项目沟通目的的有效实现依赖于信息技术的有效使用，恰当的时间、地点和人的判断也受信息技术手段的影响。因此，要提升造价管理的效率，势必先提升造价管理的技术手段。BIM技术的引入能高效地进行信息收集、快速完成信息加工处理、及时完整地进行信息传递、便于信息共享和调用，便于信息存储。

3.2.2　基于BIM的造价信息传递流程

建设工程项目的实施过程依赖于信息在不同阶段、不同主体和不同层次管理者之间的传递。传统造价管理中，信息在不同阶段或不同参与主体之间的工作流动和信息传递采用的是一种"翻过墙"方法，如图3-1所示。在这种信息传递过程中，主要通过文字说明或者图纸来承载信息。受制于不同参与主体专业能力的差异和文字一维信息或图纸二维信息的表达缺陷，不同阶段或不同参与主体在接受信息时存在着天然屏障。信息在"翻过墙"后，往往损失较大，直接导致后续沟通的缺失，造成沟通效率降低。造价管理是一个依赖信息开展工作的过程，而目前的造价管理工作属于串联式管理过程，即信息从上游逐层传递，如图3-1所示，从业主传递给咨询专家，由咨询专家传递给设计师，由设计师传递给施工单位，再由施工单位传递给供应商。这样的串联沟通方式在很大程度上依赖于信息发送者本身对信息加工处理及表达的能力，受主观因素影响大。若是信息沟通不及时、信息量不足或信息不准确，都会造成管理工作的低效。

BIM技术以建筑信息模型为载体，三维的信息表达比传统的文字或图纸表达更完整、准确和直观。同时，由于BIM模型的共享性，可以将造价串联式的管理转变为并联式管理，使信息传递的速度增快，同时确保信息的准确性和完整性，如图3-2所示。

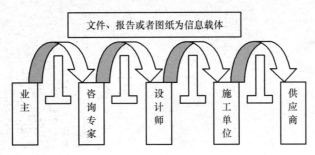

图 3-1 传统造价管理中的信息传递

在基于 BIM 的造价管理中，造价信息以 BIM 模型为载体。在决策阶段，业主和咨询专家就项目的可行性进行信息交流。此时，无过多详细数据，BIM 模型仅反映大致形貌即可，因而建模精度为 LOD100。以此模型为基础，进行投资估算，并将该模型向下传递给设计方。设计方根据业主的需求、设计师的理念以及设计规范，将该模型不断深化，将模型精度不断提升，甚至可达 LOD350。此时的 BIM 模型承载了所有的设计信息，精度较高，一方面可以直观地展示给业主，进行方案探讨，快速完成方案更新，另一方面可以直接对接到算量软件和计价软件中，快速

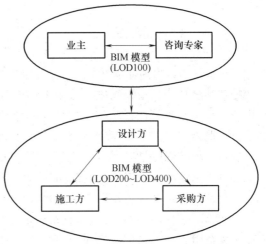

图 3-2 基于 BIM 的造价信息传递

完成施工图预算，辅助业主决策。在业主确定了设计方案后，设计阶段的 BIM 模型可以快速地提供出工程量清单，并辅助业主快速形成招标控制价，便于有效开展招投标工作。在后续的施工实施过程中，基于设计阶段的 BIM 模型，施工方既可以快速而清晰地了解设计方案，又能直接利用该 BIM 模型完成施工组织设计。基于施工实际需求，还可在原设计 BIM 模型上进一步增加参数，持续深化模型精度，提升到 LOD400。与此同时，基于 BIM 模型，设计方可以直观看到相关参数，完成设计变更控制。若 BIM 模型中加入价格信息的参数后，施工方、采购方以及业主方均可以通过导入 BIM 模型的平台完成相关计价工作。

从上述基于 BIM 的造价信息管理分析中，不难发现，设计阶段的 BIM 模型是关键，它上承业主的需求，下接施工的要求。因此，要做好基于 BIM 的造价管理工作，其中一个关键就是建好设计阶段的 BIM 模型。而目前，BIM 技术才处于起步阶段，设计阶段的成果大多为图纸，尚未能提供基于 BIM 的造价管理模型。基于此，本教材后续章节具体说明如何搭建满足设计要求的 BIM 算量模型，并基于该模型如何快速实现工程量计算与工程计价。

第4章 工程量的计算及BIM算量模型

4.1 工程量概述

工程量是指以物理计量单位或自然计量单位所表示的各分项工程或结构构件的实物数量。

物理计量单位是指以物体（分项工程或结构构件）的物理法定计量单位来表示的长度、面积、体积和重量等计量单位。如楼梯扶手以"m"为计量单位；墙面抹灰以"m²"为计量单位；混凝土以"m³"为计量单位等。自然计量单位是以物体自身的计量单位来表示的工程数量。如装饰灯具安装以"套"为计量单位；卫生器具安装以"组"为计量单位。项目工程量的确定有来自于依据图纸和计算规则计算的结果，又有来自于实际完成量的确定。

工程量在造价管理工作中作用主要有：

1）工程量是确定建筑安装工程造价的重要依据。只有准确计算工程量，才能正确计算工程相关费用，合理确定工程造价。

2）工程量是承包方生产经营管理的重要依据。工程量是编制项目管理规划，安排程施工进度，编制材料供应计划，进行工料分析，编制人工、材料、机械台班需要量，进行工程统计和经济核算的重要依据。也是编制工程形象进度统计报表，向工程建设发包方结算工程价款的重要依据。

3）工程量是发包方管理建设项目的重要依据。工程量是编制建设计划、筹集资金、工程招标文件、工程量清单、建筑工程预算、安排工程价款的拨付和结算、进行投资控制的重要依据。

建设项目的组合性决定了工程造价计价的组合性。建设项目是一个工程综合体，依次分解为单项工程、单位工程、分部工程和分项工程。单位工程的造价确定是其中最为关键的一环，因此本章以建筑工程和装饰装修工程两个单位工程为对象，明确工程量计算的基本过程。由于不同的阶段，工程量计算规则和造价计算依据均有不同，现仅以招投标阶段为例，说明清单工程量的计算过程。

4.2 建筑工程与装饰装修工程工程量的计算

建筑与装饰装修工程项目的工程量清单项目设置及清单工程量计算规则参照《房屋建筑与装饰工程工程量计算规范》（GB 50854—2013）（以下简称《计算规范》）。《计算规范》由规范条文和附录两部分组成。附录涵盖建筑工程和装饰装修工程的各分部分项工程及措施项目的项目编码、项目名称、项目特征、计量单位及工程量计算规则。编制工程量清单时，应按《计算规范》相关规定执行。表 4-1 为《计算规范》附录列项一览表。

表 4-1 《房屋建筑与装饰工程工程量计算规范》分部分项工程项目组成表

专业项目（章）		节名称及编码		专业项目（章）		节名称及编码	
名称	编码	名称	编码	名称	编码	名称	编码
附录 A 土石方工程	01	A.1 土方工程	010101	附录 F 金属结构工程	06	F.1 钢网架	010601
		A.2 石方工程	010102			F.2 钢屋架、钢托架、钢桁架、钢架桥	010602
		A.3 回填	010103				
附录 B 地基处理与边坡工程	02	B.1 地基处理	010201			F.3 钢柱	010603
						F.4 钢梁	010604
		B.2 基坑与边坡支护	010202			F.5 钢板楼板、墙板	010605
附录 C 桩基工程	03	C.1 打桩	010301			F.6 钢构件	010606
		C.2 灌注桩	010302			F.7 金属制品	010607
附录 D 砌筑工程	04	D.1 砖砌体	010401			F.8 相关问题及说明	
		D.2 砌块砌体	010402	附录 G 木结构工程	07	G.1 木屋架	010701
		D.3 石砌体	010403			G.2 木构件	010702
		D.4 垫层	010404			G.3 屋面木基层	010703
		D.5 相关问题及说明		附录 H 门窗工程	08	H.1 木门	010801
附录 E 混凝土及钢筋混凝土工程	05	E.1 现浇混凝土基础	010501			H.2 金属门	010802
		E.2 现浇混凝土柱	010502			H.3 金属卷帘（闸）门	010803
		E.3 现浇混凝土梁	010503				
		E.4 现浇混凝土墙	010504			H.4 厂库房大门、特种门	010804
		E.5 现浇混凝土板	010505				
		E.6 现浇混凝土楼梯	010506			H.5 其他门	010805
		E.7 现浇混凝土其他构件	010507			H.6 木窗	010806
						H.7 金属窗	010807
		E.8 后浇带	010508			H.8 门窗套	010808
		E.9 预制混凝土柱	010509			H.9 窗台板	010809
		E.10 预制混凝土梁	010510			H.10 窗帘、窗帘盒、轨	010810
		E.11 预制混凝土屋架	010511				
		E.12 预制混凝土板	010512	附录 J 屋面及防水工程	09	J.1 瓦、型材及其他屋面	010901
		E.13 预制混凝土楼梯	010513				
		E.14 其他预制构件	010514			J.2 屋面防水及其他	010902
		E.15 钢筋工程	010515			J.3 墙面防水、防潮	010903
		E.16 螺栓、铁件	010526			J.4 楼（地）面防水、防潮	010904
		E.17 相关问题及说明					

（续）

专业项目（章）		节名称及编码		专业项目（章）		节名称及编码	
名称	编码	名称	编码	名称	编码	名称	编码
附录K 保温、隔热、 防腐工程	10	K.1 保温、隔热	011001	附录Q 其他装饰工程	15	Q.5 浴厕配件	011505
		K.2 防腐面层	011002			Q.6 雨篷、旗杆	011506
		K.3 其他防腐	011003			Q.7 招牌、灯箱	011507
附录L 楼地面装饰 工程	11	L.1 整体面层及找平层	011101			Q.8 美术字	011508
		L.2 块料面层	011102	附录R 拆除工程	16	R.1 砖砌体拆除	011601
		L.3 橡塑面层	011103			R.2 混凝土及钢筋混凝土构件拆除	011602
		L.4 其他材料面层	011104			R.3 木构件拆除	011603
		L.5 踢脚线	011105			R.4 抹灰层拆除	011604
		L.6 楼梯面层	011106			R.5 块料层拆除	011605
		L.7 台阶装饰	011107			R.6 龙骨及饰面拆除	011606
		L.8 零星装饰项目	011108			R.7 屋面拆除	011607
附录M 墙、柱面装饰 与隔断、幕墙 工程	12	M.1 墙面抹灰	011201			R.8 铲除油漆涂料裱糊面	011608
		M.2 柱（梁）面抹灰	011202				
		M.3 零星抹灰	011203			R.9 栏杆栏板、轻质隔断隔墙拆除	011609
		M.4 墙面块料面层	011204				
		M.5 柱（梁）面镶贴块料	011205			R.10 门窗拆除	011610
		M.6 镶贴零星块料	011206			R.11 金属构件拆除	011611
		M.7 墙饰面	011207			R.12 管道及卫生洁具拆除	011612
		M.8 柱（梁）饰面	011208				
		M.9 幕墙工程	011209			R.13 灯具、玻璃拆除	011613
		M.10 隔断	011210				
附录N 天棚工程	13	N.1 天棚工程	011301			R.14 其他构件拆除	011614
		N.2 天棚吊顶	011302			R.15 开孔（打洞）	011615
		N.3 采光天棚	011303	附录S 措施项目	17	S.1 脚手架工程	011701
		N.4 天棚其他装饰	011304			S.2 混凝土模板及支架（撑）	011702
附录P 油漆、涂料、 裱糊工程	14	P.1 门油漆	011401				
		P.2 窗油漆	011402			S.3 垂直运输	011703
		P.3 木扶手及其他板条、线条油漆	011403			S.4 超高施工增加	011704
						S.5 大型机械设备进出场及安拆	011705
		P.4 木材面油漆	011404				
		P.5 金属面油漆	011405			S.6 施工排水、降水	011706
		P.6 抹灰面油漆	011406				
		P.7 喷刷涂料	011407			S.7 安全文明施工及其他措施项目	011707
		P.8 裱糊	011408				
附录Q 其他装饰工程	15	Q.1 柜类、货架	011501				
		Q.2 压条、装饰线	011502				
		Q.3 扶手、栏杆、栏板装饰	011503				
		Q.4 暖气罩	011504				

4.2.1 建筑工程工程量清单项目及工程量计算

在《计算规范》的各附录中，各分部工程或措施项目对项目编码、项目名称、项目特征、计量单位、项目计算规则、工程内容做了统一规定。本节以《计算规范》附录为依据，以建筑工程土方分部工程为例，介绍工程量的计算。

根据《计算规范》，土方工程工程量清单项目设置及计算规则，应按表4-2的规定执行。

表 4-2 土方工程（编码 010101）

项目编码	项目名称	项目特征	计量单位	工程量计算规则	工程内容
010101001	平整场地	1. 土壤类别 2. 弃土运距 3. 取土运距	m²	按设计图示尺寸以建筑物首层面积计算	1. 土方挖填 2. 场地找平 3. 运输
010101002	挖一般土方	1. 土壤类别 2. 挖土深度 3. 弃土运距	m³	按设计图示尺寸以体积计算	1. 排地表水 2. 土方开挖 3. 围护（挡土板）支拆 4. 基底钎探 5. 运输
010101003	挖沟槽土方			按设计图示尺寸以基础垫层底面积乘以挖土深度计算	
010101004	挖基坑土方				
010101005	冻土开挖	1. 冻土厚度 2. 弃土运距		按设计图示尺寸开挖面积乘以厚度以体积计算	1. 爆破 2. 开挖 3. 清理 4. 运输
010101006	挖淤泥、流砂	1. 挖掘深度 2. 弃淤泥、流砂距离		按设计图示位置、界限以体积计算	1. 开挖 2. 运输
010101007	管沟土方	1. 土壤类别 2. 管外径 3. 挖沟深度 4. 回填要求	1. m 2. m³	1. 以米计量，按设计图示以管道中心线长度计算 2. 以立方米计量，按设计图示以管底垫层面积乘以挖土深度计算；无管底垫层按外径的水平投影面积乘以挖土深度计算。不扣除各类井的长度，并的土方并入	1. 排地表水 2. 土方开挖 3. 挡土板支拆 4. 运输 5. 回填

与土方工程相关的土方回填工程量计算，应按表4-3的规定执行。

表 4-3 土方回填（编码 010103）

项目编码	项目名称	项目特征	计量单位	工程量计算规则	工程内容
010103001	回填方	1. 密实度要求 2. 填方材料品种 3. 填方粒径要求 4. 填方来源、运距	m³	按设计图示尺寸以体积计算 1. 场地回填：回填面积乘以平均回填厚度； 2. 室内回填：主墙间面积乘以回填厚度，不扣除间隔墙； 3. 基础回填：按挖方清单项目工程量减去自然地坪以下埋设的基础体积（包括基础垫层及其他构筑物）	1. 运输 2. 回填 3. 压实
010103002	余方弃置	1. 废弃料品种 2. 运距		按挖方清单项目工程量减利用回填体积（正数）计算	余方点装料运输至弃置点

【例 4-1】 某工程±0.000 以下基础施工图如图 4-1~图 4-3 所示。室内外标高差 450mm。基础垫层为非原槽浇筑，垫层支模，混凝土强度等级为 C10，地圈梁混凝土强度等级为 C20。砖基础为普通页岩标准砖，M5.0 水泥砂浆砌筑。独立柱基及柱混凝土强度等级为 C20，混凝土及砂浆为现场搅拌，回填夯实。土壤类别为三类土。请根据工程量计算规范确定相关清单项目的工程量。

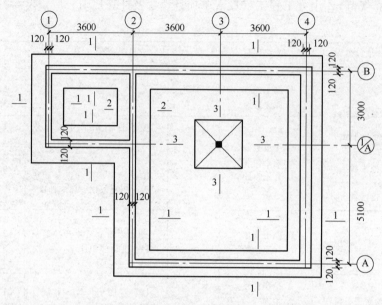

图 4-1 基础平面图

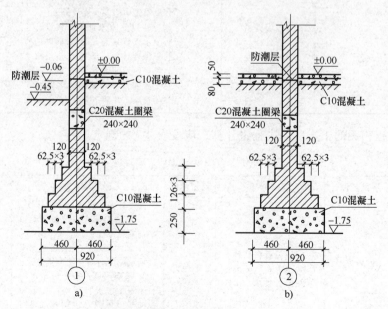

图 4-2 基础剖面图
a) 1—1 剖面图　b) 2—2 剖面图

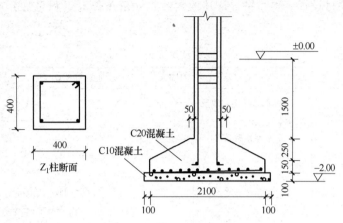

图 4-3　柱基础 3—3 剖面图

【解】　根据对该基础的分析，涉及的土方分部清单项目及其工程量计算过程如下：

（1）010101001001 平整场地

$$[(3.60 \times 3 + 0.12 \times 2) \times (3.00 + 0.24) + (3.60 + 0.12) \times 2 \times 5.10] \text{m}^2$$
$$= (11.04 \times 3.24 + 7.44 \times 5.10) \text{m}^2 \approx 73.71 \text{m}^2$$

（2）010101003001 挖沟槽土方

$L_{\text{沟槽}} = [(10.80 + 8.10) \times 2 + (3.00 - 0.92)] \text{m} = 39.88 \text{m}$

$V = 0.92 \times 39.88 \times 1.30 \text{m}^3 \approx 47.70 \text{m}^3$

（3）010101004001 挖基坑土方

$V = [(2.10 + 0.20) \times (2.10 + 0.20) \times 1.55] \text{m}^3 \approx 8.20 \text{m}^3$

（4）010103002001 土方回填

1）沟槽回填：

$V_{\text{垫层}} = [(37.80 + 2.08) \times 0.92 \times 0.25] \text{m}^3 \approx 9.17 \text{m}^3$

$V_{\text{室外地坪下砖基础（含地圈梁）}} = [(37.80 + 2.76) \times (1.05 \times 0.24 + 0.0625 \times 0.126 \times 12)] \text{m}^3 \approx 14.05 \text{m}^3$

$V_{\text{沟槽回填}} = (47.70 - 9.17 - 14.05) \text{m}^3 = 24.48 \text{m}^3$

2）基坑回填：

$V_{\text{垫层}} = 2.30 \times 2.30 \times 0.1 \text{m}^3 = 0.529 \text{m}^3$

$V_{\text{地坪下独立基础}} = [1/3 \times 0.25 \times (0.5^2 + 2.1^2 + 0.5 \times 2.1) + 1.05 \times 0.4 \times 0.4 + 2.1 \times 2.1 \times 0.15] \text{m}^3$
$\qquad\qquad \approx 1.31 \text{m}^3$

$V_{\text{基坑回填}} = (8.20 - 0.529 - 1.31) \text{m}^3 = 6.36 \text{m}^3$

3）土方回填：

$V_{\text{土方回填}} = (24.48 + 6.361) \text{m}^3 = 30.84 \text{m}^3$

4.2.2　装饰装修工程工程量清单项目及计算规则

装饰装修工程清单工程量的计算以《计算规范》为依据，以楼地面工程为例，介绍工程量的计算。

根据《计算规范》，摘录楼地面工程量部分清单项目设置及计算规则。整体面层及找平层的工程量清单项目设置、项目特征描述的内容、计量单位及工程量计算规则，应按表4-4的规定执行。

表4-4 整体面层及找平层（编码011101）

项目编码	项目名称	项目特征	计量单位	工程量计算规则	工程内容
011101001	水泥砂浆楼地面	1. 找平层厚度、砂浆配合比 2. 素水泥浆遍数 3. 面层厚度、砂浆配合比 4. 面层做法要求	m²	按设计图示尺寸以面积计算。扣除凸出地面构筑物、设备基础、室内铁道、地沟等所占面积，不扣除间壁墙和面积≤0.3m²的柱、垛、附墙烟囱及孔洞所占面积。门洞、空圈、暖气包槽、壁龛的开口部分不增加面积	1. 基层清理 2. 抹找平层 3. 抹面层 4. 材料运输
011101002	现浇水磨石楼地面	1. 找平层厚度、砂浆配合比 2. 面层厚度、水泥石子浆配合比 3. 嵌条材料种类、规格 4. 石子种类、规格、颜色 5. 颜料种类、颜色 6. 图案要求 7. 磨光、酸洗、打蜡要求	m²		1. 基层清理 2. 抹找平层 3. 面层铺设 4. 嵌缝条安装 5. 磨光、酸洗、打蜡 6. 材料运输
011101006	平面砂浆找平层	找平层厚度、砂浆配合比	m²	按设计图示尺寸以面积计算	1. 基层清理 2. 抹找平层 3. 材料运输

块料面层的工程量清单项目设置、项目特征描述的内容、计量单位及工程量计算规则，应按表4-5的规定执行。

表4-5 块料面层（编码011102）

项目编码	项目名称	项目特征	计量单位	工程量计算规则	工程内容
011102001	石材楼地面	1. 找平层厚度、砂浆配合比 2. 结合层厚度、砂浆配合比 3. 面层材料品种、规格、颜色 4. 嵌缝材料种类 5. 防护层材料种类 6. 酸洗、打蜡要求	m²	按设计图示尺寸以面积计算。门洞、空圈、暖气包槽、壁龛的开口部分并入相应的工程量内	1. 基层清理 2. 抹找平层 3. 面层铺设、磨边 4. 嵌缝 5. 刷防护材料 6. 酸洗、打蜡 7. 材料运输
011102002	碎石材楼地面				
011102003	块料楼地面				

【例4-2】 某单层门卫室平面图如图4-4所示。室内净高为3.5m，内外墙厚均为240mm。地面和踢脚线做法均为陶瓷地砖铺贴，踢脚线高200mm，墙面采用中级抹灰。M1

洞口尺寸 900mm×2400mm，M2 洞口尺寸 2000mm×2400mm，C-1 洞口尺寸 1200mm×1800mm，设计门框厚度均为 100mm。根据清单规则，计算室内块料面层和找平层的工程量。

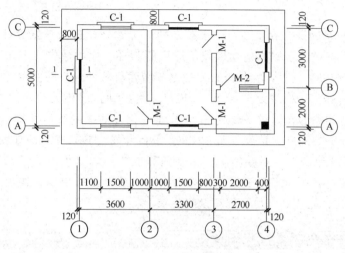

图 4-4 某单层门卫室平面图

【解】 根据对该部分的分析，涉及的清单项目及其工程量计算过程如下：

（1）计算找平层工程量

室内净面积 = [（3.6-0.24）×（5-0.24）+（3.3-0.24）×（5-0.24）+（2.7-0.24）×（3-0.24）]m^2
≈ 37.35m^2

（2）计算块料面层工程量

室内净面积+开口部分 = [（3.6-0.24）×（5-0.24）+（3.3-0.24）×（5-0.24）+（2.7-0.24）×（3-0.24）+0.9×0.24×3+2×0.24]m^2 ≈ 38.48m^2

从土方工程和楼地面工程的算例可见，采用手工方式计算工程量时，基本计算思路是在熟悉相应的计算规则基础上，根据图纸提供的尺寸信息，确定相关的工程量。但是若项目的复杂性增加和体量增大时，这就对造价人员有了更多更高的要求，除了熟悉各分项工程的计算规则和熟练识图外，还需要有很强的计算能力。即便如此，仍无法较好地提高工程量的计算效率。要从根本上解决该问题，应该结合 BIM 技术，采用算量软件完成。

4.3 算量模型构建的基本流程

造价管理的基本内容是造价确定和造价控制，而造价的有效控制基于造价的合理确定之上。如前所述，造价的合理确定与工程量的准确计算有密切关系。基于 BIM 造价管理的前提是构建准确的 BIM 模型，从工程量计算来说，也就是要构建准确的算量模型。算量模型的建立以设计阶段的成果为依据。目前，设计阶段的成果可以表现为两种形式：一是以图纸形式交付；二是以模型形式交付。

1. 图纸形式

目前大多数设计院仍采用传统图纸作为设计交付成果。在这种形式下，算量模型的建立主要通过算量软件对 CAD 图纸的智能识别来完成。若 CAD 图纸的绘制不够规范时，则需要造价人员通过对图纸的解读，再利用算量软件逐一构建相关梁、柱、板和钢筋等构件，最终形成与图纸相符的算量模型。当然，这种形式效率相对较低，且终将逐渐淘汰，故不展开介绍。

2. 模型形式

伴随着 BIM 技术的推广和发展，越来越多的设计院开始进行三维设计，直接以模型形式作为交付成果。但设计模型的建立依赖于应用的软件，比如建筑专业基于 Autodesk-Revit 软件建立的模型为 Revit 模型，结构设计专业基于盈建科软件建立的模型为 "＊.yjb" 模型，若基于 PKPM 软件建立的模型为 "＊.pm" 模型。考虑到目前相关软件都可以基于 Revit 平台进行操作，可将相关的设计成果转成 Revit 模型，因此后续内容以斯维尔 BIM for Revit 为平台，介绍算量模型的建立。该软件基于 Revit 平台开发，其软件界面如图 4-5 所示，可利用 Revit 平台实现设计出图、指导施工、编制预算的数据源（模型）相统一。结合我国国情，将国标清单规范和各地定额工程量计算规则融入到算量模块中，实现 BIM 理念落地和 Revit 软件的本土化，能较好满足工程算量的要求。

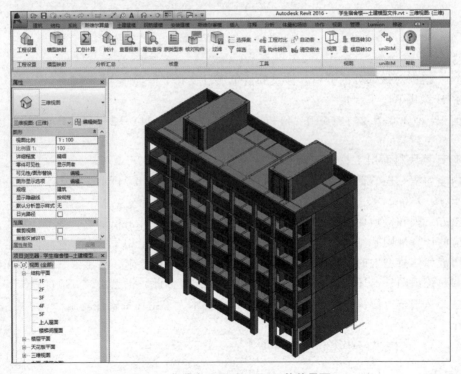

图 4-5　斯维尔 BIM for Revit 软件界面

基于 BIM 算量模型的工程量计算流程，主要分为四个步骤，如图 4-6 所示。
各流程开展的内容如下：
1）工程设置。选择计算模式，根据 Revit 标高自动读取并设置楼层信息。
2）模型映射。调整转换规则，将 Revit 模型转换为工程量分析模型。
3）计算汇总。汇总计算工程量，有分析、统计及查看工程量计算式的功能。

4）报表打印。报表输出、打印。

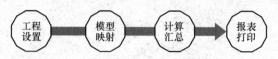

图 4-6　工程量计算流程

在 BIM for Revit 算量软件系统界面中单击"斯维尔算量"选项卡，选项卡中包括一个或多个由各种命令组成的面板，每个面板都会在下方显示该面板名称。用户可以单击面板启动相关命令，自行实现不同功能需求。BIM for Revit 算量软件会在状态栏中给出针对当前命令的提示与操作，如图 4-7 所示。

图 4-7　命令界面

通过简单的操作，就可以将 Revit 模型转换为算量模型，并可以根据造价管理人员的需要，获取相关构件或分部分项工程的工程量。

第5章 基于BIM for Revit算量软件的工程量计算

■ 5.1 工程设置

基于 BIM 算量模型进行工程量计算时，首先从"工程设置"开始。BIM for Revit 算量软件中"工程设置"面板模块功能，包括工程设置、算量选项、链接计算、绑定链接，形成对项目概况、工程文档的基本操作。

5.1.1 工程设置操作

1. 计量模式

造价管理的基本工作之一是准确确定工程量，工程量的计算与计量规则有关，因此，利用算量软件完成计量首先需要确认计量模式。

工程设置

算量软件操作如下：【斯维尔算量】→【工程设置】→【计量模式】

执行命令后，弹出"工程设置"对话框，共有 5 个设置项目，单击【下一步】或【上一步】按钮，或直接单击左边选项栏中的项目名，就可以在各项目界面之间进行切换，如图 5-1 所示。

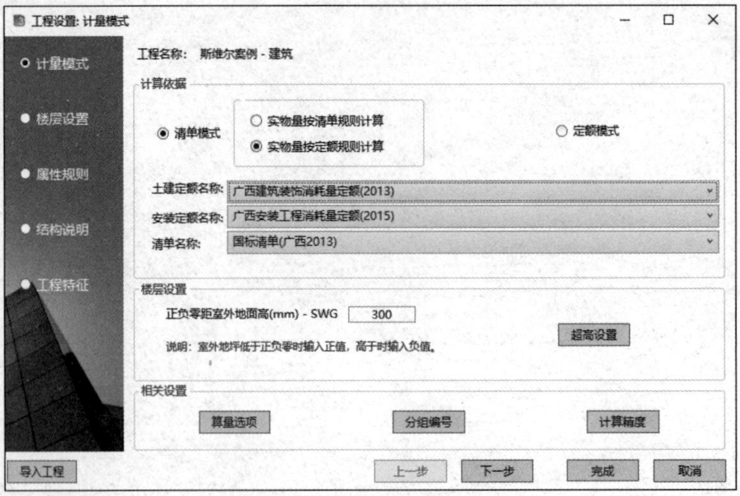

图 5-1 工程设置

功能命令文字解释：

【工程名称】软件将自动读取 Revit 工程文件的工程名称，该指定为本工程的名称。

【计算依据】分为清单和定额两个选项，对清单、定额进行设置相应输出清单、定额模式的选择，清单模式下可以对构件进行清单与定额条目挂接；定额模式下只可对构件挂接定额做法；构件不需要挂清单或定额时，以实物量方式输出工程量，清单模式下其实物量有按清单规则和定额规则输出工程量的选项，定额模式下实物量按定额规则输出实物量。

【楼层设置】设置正负零距室外地面的高差值，此值用于计算土方工程量的开挖深度。

在斯维尔 BIM for Revit 的各对话框中，提示文字为蓝颜色字体，说明栏中的内容为必须注明内容且按需设置，否则会影响工程量计算。

图 5-2　超高设置

【超高设置】单击该按钮，弹出"超高设置"对话框如图 5-2 所示。

用于设置定额规定的梁、板、墙、柱标准高度，高度超过了此处定义的标准高度时，其超出部分就是超高高度。

【相关设置】用于约束模型算量的计算规则及输出的内容和要求，包括算量选项、分组编号、计算精度。

【算量选项】用于自定义工程的算量设置，确定工程的计算规则，包括工程量输出、扣减规则、参数规则、规则条件取值、工程量优先顺序、安装计算规则，软件操作界面，如图 5-3 所示。

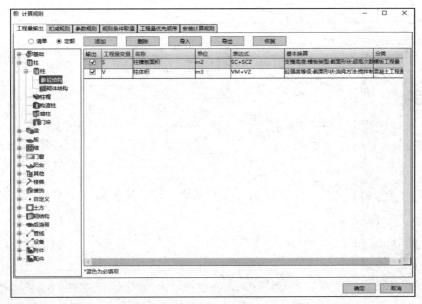

图 5-3　计算规则

【分组编号】用于用户自定义分组编号，可以标注各个分组里面的构件如图 5-4 所示。

【计算精度】用于设置算量的计算精度，单击"计算精度"按钮，弹出"计算精度"

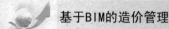

对话框，如图 5-5 所示。此界面可以设置分析与统计结果的显示精度，即小数点后的保留位数。

图 5-4　分组编号

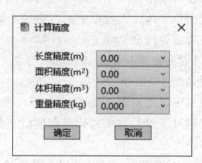

图 5-5　"计算精度"对话框

2. 楼层设置

算量软件中"楼层设置"功能主要是读取 Revit 模型中的立面标高信息，根据勾选的层高，算量软件系统地生成层高，如图 5-6 所示。

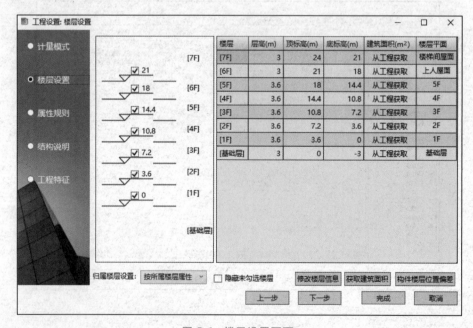

图 5-6　楼层设置页面

【归属楼层设置】根据构件添加的"所属楼层"属性或者构件的标高信息判断构件在汇总计算中的楼层划分。

【获取建筑面积】在工程中创建楼层的建筑面积，汇总计算后，在楼层设置中显示建筑面积。

3. 属性规则

影响工程造价的因素有材料的属性、施工工艺及工程其他信息，涉及的因素种类繁杂。采用算量软件计算时，需将这些信息赋予算量模型，可通过【属性规则】功能模块来实现。属性映射的设置目的是使算量构件能够快速地从 Revit 模型的族名、实例属性、类型属性中获取材质、强度等级、砂浆材料等信息。

【属性规则】的软件操作界面，如图 5-7 所示。

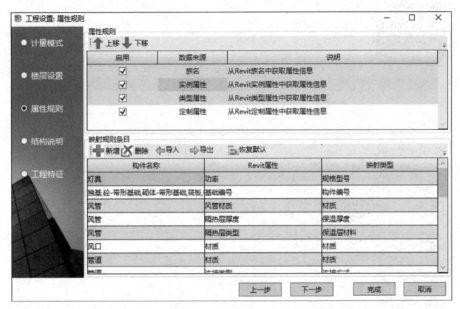

图 5-7 属性规则页面

4. 结构说明

由于工程量计算规则涉及梁、柱、板交接面的处理以及构造柱、雨篷、过梁等构件的识别，因此要实现自动计算，需要在算量软件中对此进行设置，可通过【结构说明】模块实现，软件界面如图 5-8 所示。

【砼材料设置】设置界面包含楼层、构件名称、材料名称以及对应的强度等级和搅拌制作方式的选取。其中楼层、构件名称是必选项目，材料名称可以不选，如果材料名称没有可选项则强度等级需要指定。

选择楼层时单击"楼层"单元格后下拉框，弹出"楼层选择"界面，如图 5-9 所示，选择完毕单击【确定】。

选择构件时单击"构件名称"单元格后的下拉框，弹出"构件选择"界面，如图 5-10 所示，操作方法同"楼层选择"。

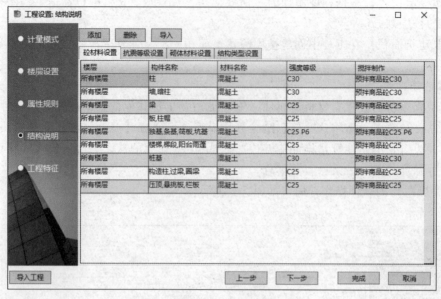

图 5-8　结构说明页面

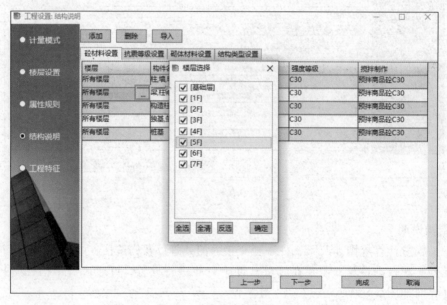

图 5-9　"楼层选择"界面

5. 工程特征

影响工程造价的其他信息可通过【工程特征】模块实现信息输入。软件操作时，工程局部特征的设置通过填写栏反映。填写栏中的内容可以从下拉列表中选择，也可直接填写合适的值。在这些属性中，用蓝颜色标识属性值为必填的内容，其中地下室水位深是计算挖土方时湿土体积的依据。其他蓝色属性用于生成清单的项目特征，作为清单归并统计条件，如图 5-11 所示。

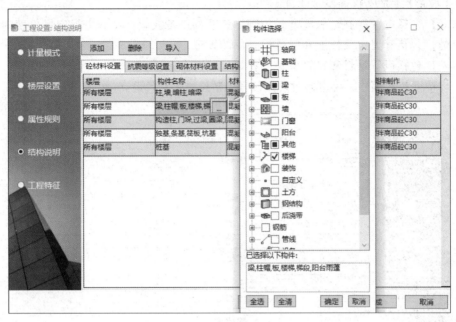

图 5-10 "构件选择"界面

图 5-11 工程特征页面

【工程概况】 含有工程的建筑面积、结构特征、楼层数量等内容。

【计算定义】 含有梁的计算方式、是否计算墙面铺挂防裂钢丝网等的设置选项。

【土方定义】 含有土方类别的设置、土方开挖的方式、运土距离等的设置。

【安装特征】 安装工程中常用特征的设置，填写栏中的内容可以从下拉选择列表中选择，也可直接填写合适的值。在这些属性中，用蓝颜色标识的属性项为必填内容。其中涉及

【电气】【水暖】【通风】等多个子项。

【电气】包括电源线制、供电方式、管线计算到设备或附件中和电缆定尺长度的设置。

【水暖】包括管道定尺长度和管道保护层的设置。

【通风】包括风管材料和风管保护层材料的设置。

【安装特征】界面中，可以修改敷设代号、敷设描述及敷设高度的信息，如图5-12所示。

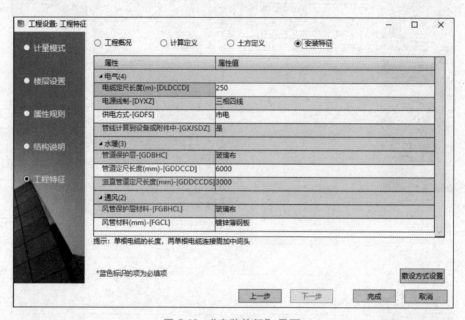

图5-12 "安装特征"界面

5.1.2 算量选项

由于工程量计算可能需要考虑项目实际需求或操作人员的特殊需求，除按统一计算规则进行计算外，还可自定义工程的算量规则等。算量软件通过"算量选项"模块来实现。该模块用于自定义工程的算量设置，确定工程的计算规则，包括工程量输出、扣减规则、参数规则、规则条件取值、工程量优先顺序、安装计算规则。

1. 工程量输出

用于工程的清单、定额工程量的输出内容、表达式及基本换算设置，如图5-13所示。

对话框选项命令解释：

【清单】显示清单工程量输出设置。

【定额】显示定额工程量输出设置。

【添加】增加新的工程输出设置。

【删除】删除栏中当前选中的工程量输出行。只能删除用户添加的项目。

【导入】导入其他工程的工程量输出设置信息，当前工程的所有工程量输出设置信息将全部丢失。

【导出】导出当前工程的工程量输出设置，保存文件用于其他类似工程的工程量输出设置。

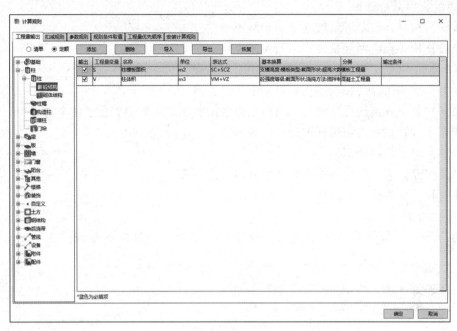

图 5-13　工程量输出

【恢复】恢复成系统默认的输出设置，当前工程的所有工程量输出设置信息将全部丢失。

【输出】用于确定算量内容的输出项。

【工程量变量】用于说明工程量代号，方便后续自动计算。

【名称】用于说明工程量变量名称。

【单位】用于确定输出工程量的计量单位。

【表达式】用于说明工程量计算的表达式。

【基本换算】用于说明可利用的相关属性变量，通过该变量定义带有构件特征的工程量，从而确定工程量的合并条件。

【分类】用于说明工程量输出的分类子目。

2. 扣减规则

用于约束模型中相邻构件之间的算量扣减规则，软件操作界面，如图 5-14 所示。

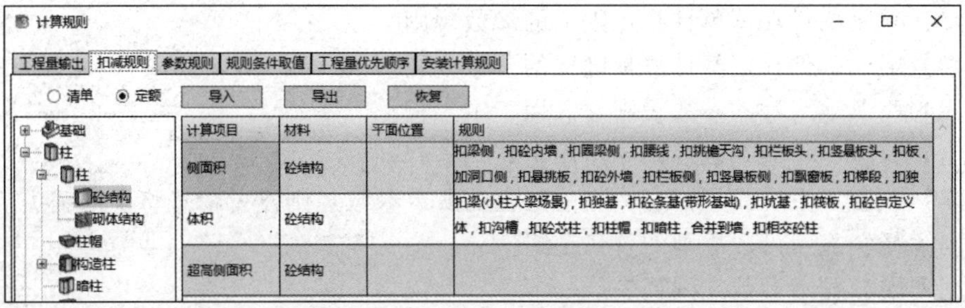

图 5-14　扣减规则

对话框选项命令解释：

【清单】构件在清单计量规则下的扣减规则。

【定额】构件在定额计量规则下的扣减规则。

【导入】将其他工程的扣减规则导入用于本工程。

【导出】将本工程的扣减规则导出用于其他工程。

【恢复】恢复成系统设置信息，当前工程的所有扣减规则设置信息将全部丢失。

【计算项目】显示当前构件的所有计算项目。

【材料】显示构件使用结构材料。

【平面位置】表示构件所在位置，如外墙、内墙等。

【规则】显示构件的扣减规则。

3. 参数规则

显示工程量中构件中参数计算规则，软件操作界面，如图 5-15 所示。

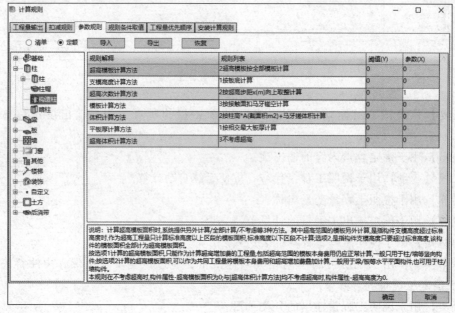

图 5-15　参数规则

对话框选项命令解释：

【清单】显示构件在清单计算规则下的参数规则。

【定额】显示构件在定额计算规则下的参数规则。

【导入】将其他工程的参数规则导入用于本工程。

【导出】将本工程的参数规则导出用于其他工程。

【恢复】恢复成系统设置信息，当前工程的所有参数规则设置信息将全部丢失。

【规则解释】显示参数规则的解释说明。

【规则列表】显示参数规则列表。

【阈值（Y）】显示参数阈值。

【参数（X）】显示参数值。

4. 其他窗口情况

【规则条件取值】显示工程量计算规则条件的取值。

【工程量优先顺序】显示工程量优先计算顺序。

【安装计算规则】用于定义工程的算量设置，确定安装工程的计算规则。

5.1.3　链接计算

根据项目或操作者的需要，可对计算细节进行处理，通过【链接计算管理】实现。软件操作界面，如图5-16所示。

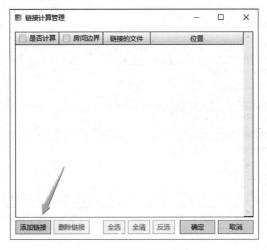

图 5-16　链接计算管理

对话框命令解释：

【是否计算】勾选后，在计算构件算量时，加入到计算中。反之，不加入计算。

【房间边界】在链接文件中，可进行房间布置。

5.2　模型映射

在基于BIM的造价管理中，操作者基于Revit平台构建项目BIM模型，需借助算量软件的【模型映射】功能来实现模型的转换，以便快速完成工程量的计算。

5.2.1　模型映射操作

【模型映射】功能将Revit构件转化成软件可识别的算量构件，根据名称进行材料和结构类型的匹配，当根据族名未匹配成功时，执行族名修改或调整转化规则设置，提高默认匹配成功率，在建模之初命名族类型名称时，应包含构件类型名称、材质、尺寸等信息，一方面

模型映射操作

便于辨识，另一方面也会提高模型转化的准确性。此部分内容主要包括模型映射、族名修改、构件辨色、方案管理和材质设置五个模块。

软件操作界面，如图5-17所示。

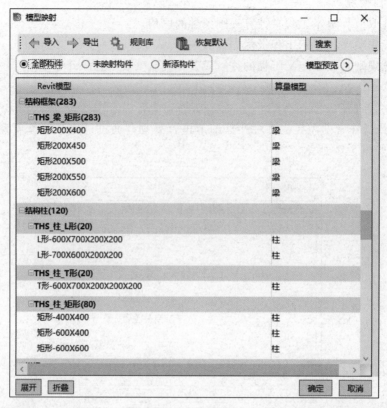

图 5-17　模型映射

对话框选项解释：

【全部构件】显示全部构件。

【未映射构件】工程已经执行过模型转化命令，再次打开时，软件将自动切换至未转换构件选项卡，该选项卡下仅显示工程中新增构件与未转换构件。

【新添构件】显示工程在上次转化后，创建的新构件。

【搜索】在搜索框中搜索关键字。

【Revit 模型】根据 Revit 的构件分类标准，把工程中的构件按族类别、族名称、族类型分类。

【算量模型】软件按照国家相关规范，把 Revit 构件转化为软件可识别的构件分类。

在上述操作中，可以对选择算量模型列中，映射匹配不相应的类别进行修改，软件操作界面，如图 5-18 所示。

单击此列数据可进行转换类别的修改，使用<Shift>选择多个类型统一修改，如图 5-19所示。

【类别设置】如默认类别无法满足需求，可单击"展开"按钮进行类型设置，选择需要的类别，如图 5-20 所示。

【模型预览】将其展开，可查看构件三维模式，如图 5-21 所示。

【展开】【折叠】表格树中节点的基本操作。

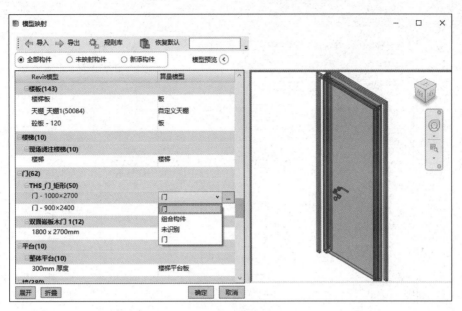

图 5-18　类别修改

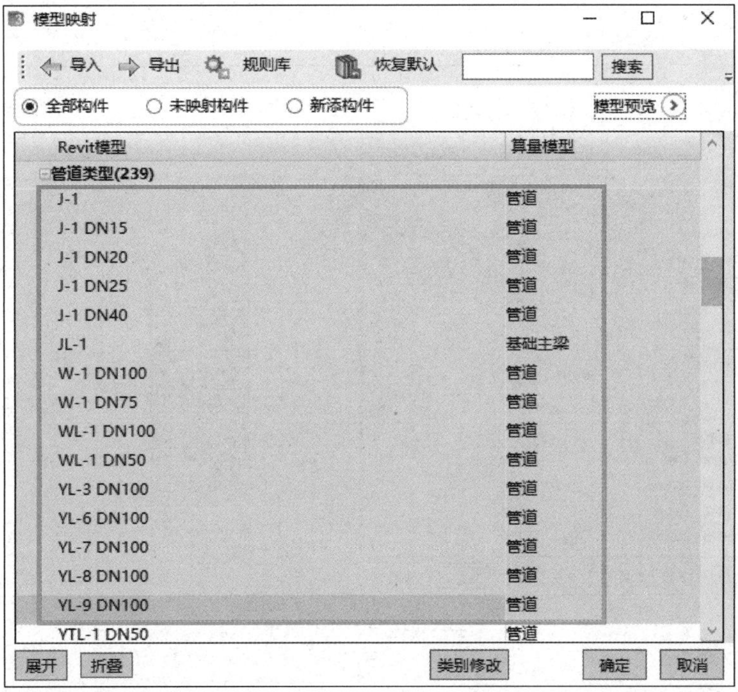

图 5-19　选择多个类型统一修改

　　如需了解模型映射的规则信息，可通过【规则库】查询。【规则库】约定构件映射按照名称和关键字间的对应关系进行映射，软件操作界面，如图 5-22 所示。

　　【规则库】中涉及的构件类型包括：

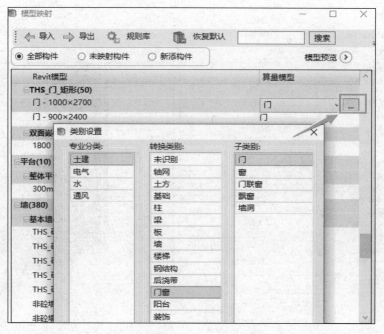

图 5-20　类别设置

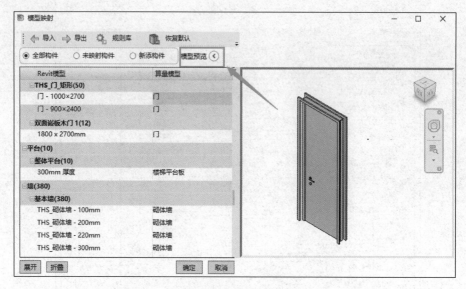

图 5-21　模型预览

（1）普通自定义构件

1）自定义点。Revit 模型中有些构件模型在统计量的时候，用个数表达，在算量模型中找不到与之匹配的映射构件。当碰到这种构件时，由于软件内置了自定义点的计算规则，可以把它映射成自定义点，这样模型映射后，可以直接通过汇总计算自定义点来算该模型的量。

图 5-22　规则库

2）自定义线。Revit 模型中有些构件模型在统计量的时候，用长度表达。在算量模型中找不到与之匹配的映射构件。当碰到这种构件时，由于软件内置了自定义线的计算规则，可以把它映射成自定义线，这样模型映射后，可以直接通过汇总计算自定义线的长度来算该模型的量。

3）自定义面。Revit 模型中有些构件模型在统计量的时候，用面积表达，且其形状可能不规则，在算量模型中找不到与之匹配的映射构件。当碰到这种构件时，由于软件内置了自定义面的计算规则，可以把它映射成自定义面，这样模型映射后，可以直接通过汇总计算自定义面的面积来算该模型的量。

4）自定义体。Revit 模型中有些构件模型在统计量的时候，用体积表达，且其形状可能不规则，用常用的算量模型较难计算体积量，在算量模型中找不到与之匹配的映射构件。当碰到这种构件时，由于软件内置了自定义体的计算规则，可以把它映射成自定义体，这样模型映射后，可以直接通过汇总计算自定义体的体积来算该模型的量。

（2）装饰自定义构件

在装饰装修工程中，软件根据装饰构件的类别，分别做了自定义地面、墙面、天棚、踢脚构件以及相应的计算规则，来处理装饰中的各种装饰面。

例如，自定义地面。如图 5-23 所示的 Revit 模型的内装工程中的地面，打开"类别设置"对话框，在里面设置好转换类别为"自定义"，子类别中选择"自定义地面"即可。

（3）新增幕墙构件　Revit 模型中的幕墙工程是一个系统工程，分为很多子项，有些子项如：装饰、收边、压顶、吊顶等，这些在算量模型中找不到太合适的映射构件来计算工程量。软件处理这类模型构件时，新增了四类算量构件：幕墙装饰、幕墙收边、幕墙压顶、幕墙吊顶，并内置相应的计算规则来单独处理这些模型的工程量。

例如，幕墙装饰。如图 5-24 所示的 Revit 模型的幕墙工程中的幕墙帘，打开"类别设置"对话框，在里面设置好转换类别为"墙"，子类别中选择"幕墙装饰"即可。

图 5-23　自定义构件

图 5-24　幕墙装饰

5.2.2　族名修改

已经建好所有的族和相应的类型，而族名需要修改时，可以使用软件提供的"族名修改"功能，可以批量修改大量族类型名称。由于族类型名称有时候命名并不规范，会同时匹配到多个关键字，软件会按照一定的逻辑进行匹配，详细介绍如下。

软件操作界面，如图 5-25 所示。

【族名列表】在左侧列表中勾选相应的分类后，右侧的选择集内将提取该类别下工程中所有已创建的实体构件名称。

【替换】将现有族中包含的字符，替换为另外一个字符。

【设置前缀】将选中族类型的构件名前批量添加前缀。

族名修改

图 5-25　族名修改

【选择集】族名列表树中选中的类别对应的构件集合，用户可以双击单个修改，也可以通过其下方的区域进行批量修改，如图 5-26 所示。

图 5-26　批量修改

注意：【使用说明】对该功能进行详细说明，包含使用技巧，与不合法字符的限制说明。

5.2.3 材质设置

在 BIM 模型转换为算量模型时，由于模型搭建目的不同造成信息不匹配，此时，可通过【材质设置】功能模块添加或删除相关属性。【材质设置】的菜单位置为：【斯维尔算量】→【模型映射】→【材质设置】。【材料设置】模块用于快速布置因算量需要添加的实例属性，包括砼强度等级、结构材质、构件编号等。软件操作界面如图 5-27 所示。

界面选项：新增、删除。

【新增】增加构件实例属性的设置。

【删除】删除构件实例属性的设置。

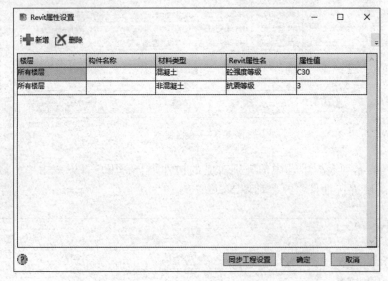

图 5-27　设置 Revit 构件实例属性

5.2.4 系统定义

实际工程的造价计算除土建工程、装饰工程工程量计算外，还包括安装工程工程量的计算。安装工程涉及给排水、消防、采暖、空调、电气等多个专业，涵盖大量计算信息。可视化软件通过【系统定义】功能模块检查这类信息的完整性和准确性。【系统定义】功能模块可查看本工程中各系统的回路信息，以及各个系统在软件中的详细设置信息，包含专业类型、系统类型、系统代号、颜色、线型、线宽等。

软件操作界面如图 5-28 所示。

【系统预设】软件中默认已有系统的回路信息，以及已有系统在软件中的详细设置信息（包含专业类型、系统类型、系统代号、颜色、线型、线宽），如图 5-29 所示。

图 5-29 界面，可使用"编辑"对各系统信息进行修改。

【编辑系统类型】提供重新编辑系统的类型信息，软件操作界面如图 5-30 所示。

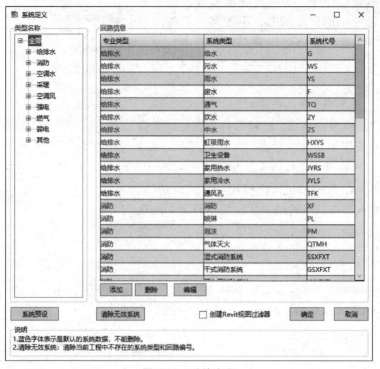

图 5-28　系统定义

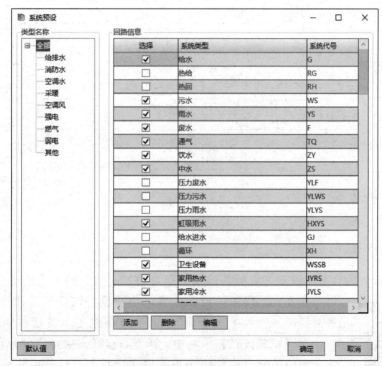

图 5-29　系统预设

注意：在软件操作中，遇到系统定义为蓝色字体的表示工程中已应用的回路编号，不能删除。各对话框中，提示文字为蓝色字体时，说明栏中的内容为必须注明内容，按需设置，否则会影响工程量计算。

5.2.5 材质库

由于安装工程涉及的电线、电缆等材质多变、规格不一，这些信息均影响造价，因此，可通过【材质库】功能模块进行快速修改。【材质库】模块具有对电线、电缆、配管、桥架、线槽的材质进行统一维护的功能，材质表中包括电线、配管、管线、桥架等不同类型的规格参数，操作者可新增、删除自定义的材质，但不能更改系统材质，软件操作界面如图5-31所示。

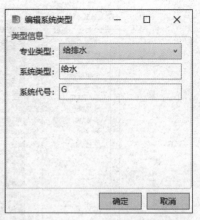

图 5-30　编辑系统类型

材质类型	型号	材质名称
电缆	KV	铜芯聚氯乙烯绝缘控制电缆
	RG	同轴电缆
	RX	铜芯橡皮绝缘棉纱编织圆型软电线
	VV	铜芯聚氯乙烯绝缘聚氯乙烯护套电缆
	YC	重型钢丝加强型橡套软电缆
	YZ	钢丝加强型中型橡套软电缆
	AVR	铜芯聚氯乙烯绝缘安装软电线
	BVR	铜芯聚氯乙烯绝缘软线
	CAT	网络线
	KVV	铜芯聚氯乙烯绝缘控制电缆
	RFB	铜芯丁晴聚氯乙烯复合物绝缘扁形软线
	RFS	铜芯丁晴聚氯乙烯复合物绝缘绞形软线
	RVB	铜芯聚氯乙烯绝缘平行软线

图 5-31　材质库

■ 5.3　分析汇总

5.3.1　汇总计算

完成前述设置后，对工程量计算所需的基本信息进行确定，即可采用【汇总计算】功能模块完成工程量的自动计算该功能模块包括汇总计算、清空计算、计算错误三个大项，三项构成 Revit 算量汇总计算基本步骤。

汇总计算

在【汇总计算】模块中，操作者选择需要计算的范围，软件迅速将范围内的所有构件按照相关规则进行汇总计算。软件具体操作为：【斯维尔算量】→【汇总计算】→【汇总计算】。

执行该命令后，弹出"汇总计算"对话框如图5-32所示。

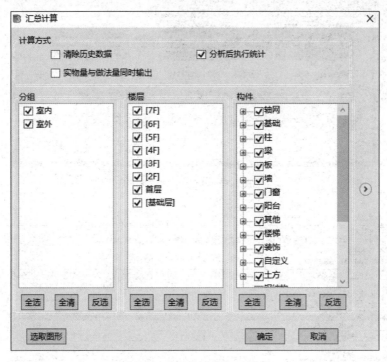

图5-32 "汇总计算"对话框

对话框选项和操作解释：

【分组】显示工程的所有分组。

【楼层】显示工程的所有楼层号。

【构件】显示工程的所有构件。

【分析后执行统计】分析后是否紧接着执行统计。

【实物量与做法量同时输出】勾选后，实物量结果为计算挂接做法以外构件的工程量，做法工程量只计算挂接了做法的构件；不勾选状态，实物量与做法量互不干涉，实物量为全部构件的工程量。

【清除历史数据】勾选，清除之前汇总的计算结果，所有构件重新计算。不勾选，软件在之前计算结果的基础上，分析模型只调整工程中发生变化的构件结果。

具体操作如下：

1）在"楼层"栏内选取楼层，在"构件"栏内选择相应的构件名称。

2）"全选"表示一次全部选中栏目中的所有内容。

3）"全清"则栏目中已选择的内容全部放弃选择。

4）"反选"则将栏目内的内容和现在选中的内容相反。

5）选好楼层和构件，单击"确定"按钮，就可以进行分析，分析界面如图5-33所示。

汇总计算完成，单击"确定"按钮，将直接展示汇总计算完成的实物量与清单量的工程量分析统计表，如图5-34所示。

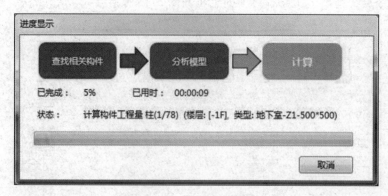

图 5-33 汇总计算进度

图 5-34 工程量分析统计界面

5.3.2 查看报表

完成计算后，可根据需要查看结果，通过【报表打印】功能模块实现。【报表类型】分工程量报表与指标报表两大类，工程量报表分为做法汇总表、做法明细表、实物量汇总表、实物量明细表、参数法零星量汇总与明细；指标报表分为工程量指标、楼层信息表。

算量软件执行该命令后弹出"报表"，软件操作界面如图 5-35 所示。

各对话框选项解释：

【做法表】工程中构件做法的汇总表，包括清单、定额汇总表等。

【做法明细表】工程中构件做法的明细表，包括清单、定额明细表等。

【实物量汇总表】工程量的实物量汇总表。

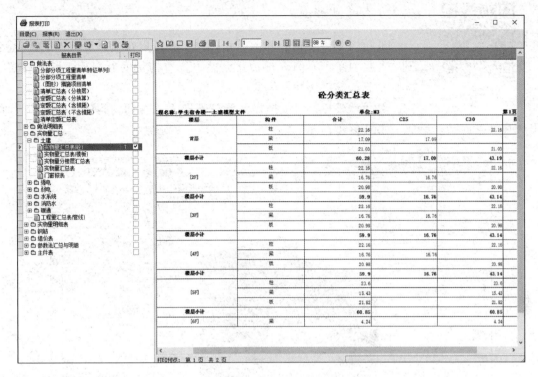

图 5-35　报表界面

【实物量明细表】工程量的实物量明细表。

【参数法汇总与明细】工程中参数法与零星量汇总表与明细表，包括清单、定额参数表。

【工程量指标】包括实物量（砼指标表）等。

【楼层信息表】显示工程中楼层信息表。

【输出】勾选输出列选项，所标注出的序号用于打印的顺序。

【报表目录】显示输出报表项名称。

【打印】通过打印机将所需报表打印出来，可在打印页面填写所需的页码，方便用于打印所需的页码。

【另存为 Excel】将所选报表，保存到所需的目录下。

■ 5.4　核查

构件的工程量一般通过总量和调整值来展示。由于工程构件的复杂性，每个工程在布置完部分或全部构件后，执行分析命令可将工程的工程量计算出来，将工程计算式匹配到构件上。在工程分析的时候，需查看图形构件的几何尺寸及与周边构件的关系和当前计算规则设置。若图形构件的几何尺寸不对、布置错误或计算规则设置不正确，导致软件算法存在错误，工程量分析结果将存在问题。本节内容包含族类型表、属性查询、核对构件、核对单筋功能，组成对算量构件查询、浏览的基本操作。

属性查询

5.4.1 属性查询

通过【属性查询】功能模块，操作者可以快速查看构件的转化类别，并可对单个实例进行转化调整，查看构件的族名称，归属楼层、几何信息、施工属性等信息。

算量软件操作时根据提示光标选取需要查询的构件，确认后，弹出"属性查询"对话框，如图5-36所示。

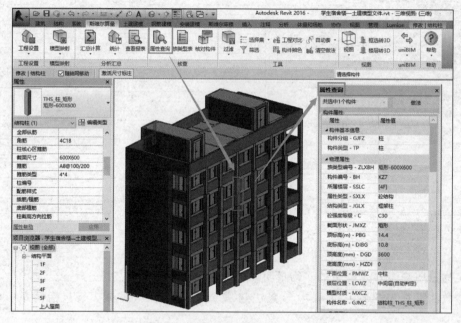

图 5-36 构件"属性查询"对话框

注意：主体是构件属性，含属性与属性值，属性功能包含构件类型、物理属性、施工属性、计算属性、其他属性。属性中以蓝色标识的项表示可以进行修改的项目，以深灰色为背景的项目均表示不可修改属性。

核对构件

5.4.2 核对构件

通过【核对构件】功能模块，操作者可以快速核对查看构件的计算结果，如发现计算值有问题可及时调整相应扣减规则。

菜单位置：【斯维尔算量】→【核对构件】

算量软件操作时，根据提示将光标至界面上，选择需要查看工程量的构件。选择完后，系统依据定义的工程量计算规则对选择的构件进行图形工程量分析，分析完后弹出"核对构件"对话框，如图5-37所示。

对话框选项和操作解释：

【清单工程量】切换清单规则模式下进行工程量核对，即按清单规则执行工程量分析，然后将结果显示出来。

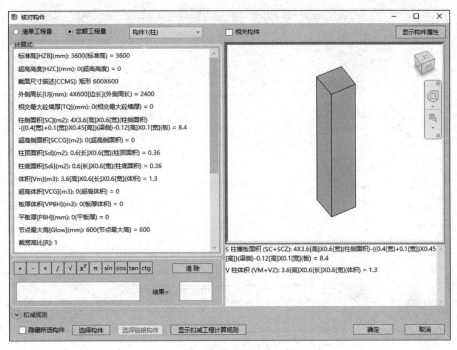

图 5-37 "核对构件"对话框

【定额工程量】切换到定额规则模式下进行工程量核对,即按定额规则执行工程量分析,然后将结果显示出来。

【计算式】列出所有的计算值及计算式,文字框中前一部分是工程量组合的计算结果。

【相关构件】勾选该选项时,对话框右侧视图区将相关扣减的实体显示出来。

【扣减结果】构件扣减计算的工程量结果。

【扣减规则】单击此处可快速查看与构件相关的详细扣减规则设置,软件操作界面,如图 5-38 所示。

【结果】手工输入计算式后,在结果栏内显示计算结果。若计算式未输入完全或输入的计算式无法计算时将显示错误位置。

【清除】清除输入的计算式或已经得到计算结果。

【选择构件】用于不关闭当前命令的情况下继续核对其他构件。

【显示扣减工程计算规则】单击此按钮可快速查看与构件相关的详细扣减规则设置,如图 5-38 所示。

对话框选项命令解释:

【清单】显示构件在清单中显示的扣减规则。

【定额】显示构件在定额中显示的扣减规则。

【计算项目】显示计算构件的所有项目。

【材料】显示构件使用材料。

【平面位置】显示构件所在位置,如外墙、内墙等。

【规则】显示构件扣减规则。

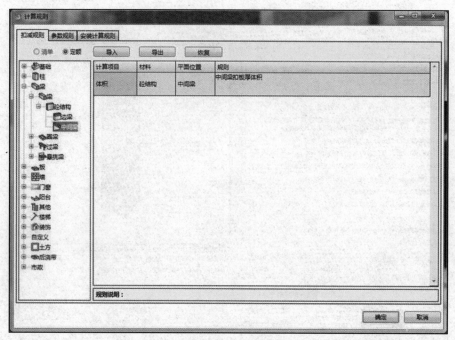

图 5-38　扣减规则

【导入】导入新的扣减规则。

【导出】导出工程中扣减规则。

【恢复】恢复原扣减规则。

利用 BIM for Revit 算量软件进行工程量计算时，可以根据软件原有的扣减规则进行构件计算，也可以按导入或新建扣减规则进行计算。

第6章 基于BIM的工程计价

■ 6.1 工程计价

6.1.1 基本流程

在确定工程量的基础上，工程价格的确定可采用分部组合计价的方法，按以下基本流程进行。

1. 计算工程量

工程量的计算准确性影响着计价的一系列数据，基于 BIM 的计价工作以前述算量模型的计算结果为依据，以确保其准确性和完整性。

2. 按照工料单价法或清单计价法确定分部分项工程费

1）按照工料单价法计价时，分项工程以定额子目为对象，将定额工程量与定额综合单价相乘，汇总即得分项工程费，将项目的分项工程费进行汇总即得分部工程费。

2）按照清单计价法计价时，以清单子目为对象，将清单工程量与清单综合单价相乘得相应的清单项目费，将分部工程涉及的清单项目费进行汇总即得分部工程费。

3. 确定措施费

措施项目包括单价措施项目和总价措施项目，措施费由单价措施费和总价措施费两部分组成。

1）单价措施费由算量模型结合算量软件计算单价措施的工程量，根据相关定额及国家或行业标准计算综合单价，工程量乘以综合单价后经汇总得到单价措施费，包括脚手架费、模板费、垂直运输费、排降水费、二次搬运费等。

2）总价措施费根据费用定额计费程序、取费费率及《建设工程工程量清单计价规范》（GB 50500—2013）（以下简称《计价规范》）等，按计算基数乘以相关费率的方法计算总价措施项目费，包括安全文明施工费、检验试验配合费、优良工程增加费、夜间施工增加费等。

4. 确定其他项目及规费、增值税

根据费用定额计费程序、取费费率及《计价规范》等，按计算基数乘以相关费率的方法计算。

5. 工程造价的确定

将上述计算结果进行汇总，即可确定某单位工程的工程造价。再将若干单位工程的造价进行汇总即可得到单项工程的造价。基本计价程序如表 6-1 所示。

表 6-1　基本计价程序

序号	费用项目	计算方法
1	分部分项工程费	∑分部分项工程量×分部分项工程综合单价
2	措施项目费	
2.1	单价措施项目费	∑措施项目工程量×措施项目综合单价
2.2	总价措施项目费	(1+2.1)×相应的费率或按有关规定计算
3	其他项目费	暂列金额+暂估价+计日工+总承包费+其他
4	规费	按规定标准计算
5	增值税	(1+2+3+4)×增值税税率
6	单位工程造价	1+2+3+4+5
7	单项工程报价	∑单位工程报价
8	总造价	∑单项工程报价

6.1.2　计价流程

传统手工计价时，按表 6-1 的计价程序完成总造价的确定。由于工程单价的基础价格人工费、材料费和机械台班使用费是一个可变的因素，需要结合市场供求变化通过工料机分析进行价格调整，工作量大，准确性低；此外，费用计算时，涉及大量费率和计算基数，若是基础价格出现偏差，必然导致后续费用计算失效，调整难度大。因此，手工计价方式基本被淘汰，工程计价工作基本采用计价软件完成。基于 BIM 的工程计价基础是前期的算量软件结果，因此本章以斯维尔清单计价软件为对象进行介绍。

清单计价的主要流程，如图 6-1 所示。

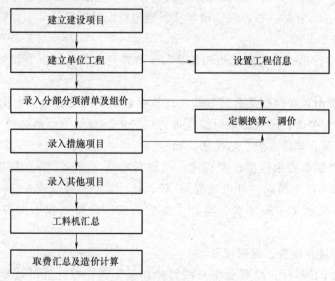

图 6-1　清单计价的主要流程

结合清单计价的流程分析，基于 BIM 的造价管理对计价软件提出了相应的功能需求，如图 6-2 所示。

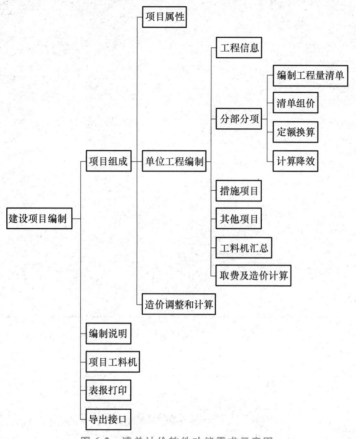

图 6-2　清单计价软件功能需求示意图

6.2　计价软件的操作

6.2.1　单位工程造价的计算

1. 新建单位工程

安装并启动计价软件后（通过授权或学习版方式登录软件界面），会自动弹出"新建向导"对话框。有"单位工程""建设项目""结算工程""审计审核""导入算量文件""导入电子标书""打开文件"等命令，其中，"单位工程"是造价文件的基础，所以创建造价文件时，必须建立一个单位工程，如图 6-3 所示。

新建单位工程

在"新建向导"对话框中，单击"单位工程"命令，根据专业需要选择相应的"专业类别"及"工程类别"，如图 6-4 所示。

确定好"专业类别"及"工程类别"后，单击"确定"按钮，弹出"新建预算书"对话框，按提示进行以下操作设置"新建预算书"的主要内容，完成单位工程的建立。

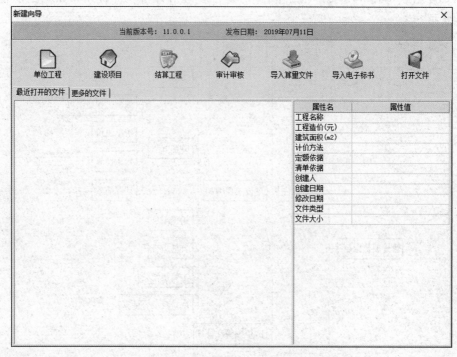

图 6-3 "新建向导"对话框

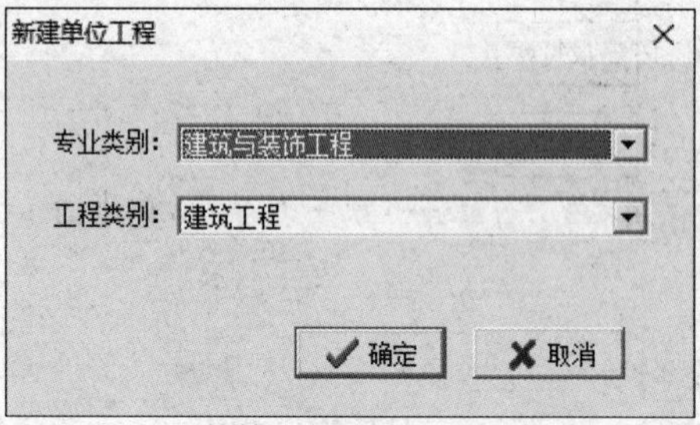

图 6-4 专业类别选择

【第一步】在"工程名称"文本框，录入工程名称，如图 6-5 所示。

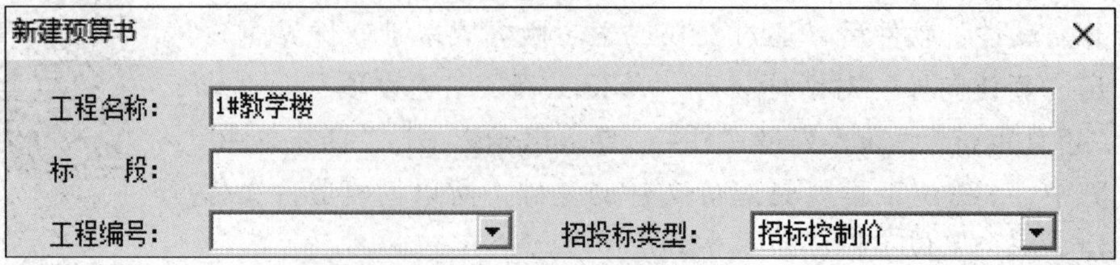

图 6-5 工程名称

【第二步】在"定额选择"栏，单击下拉按钮，根据项目所在地选择定额库，如图 6-6 所示。

注：当采用"国标清单计价"的计价方式时，除了选择定额库，还需选择相应的国标清单库。

图 6-6　定额选择

【第三步】在"计价方法"栏，单击下拉按钮，选择所采用的计价方法，如采用清单计价，则选择清单计价法，如图 6-7 所示。

图 6-7　计价方法选择

【第四步】在"取费文件"选项栏，单击下拉按钮，在下拉列表中，选中所需的取费文件，双击或按<Enter>选择取费文件，系统会自动根据所选择的取费文件，设置专业类别和工程类别，如图 6-8 所示。

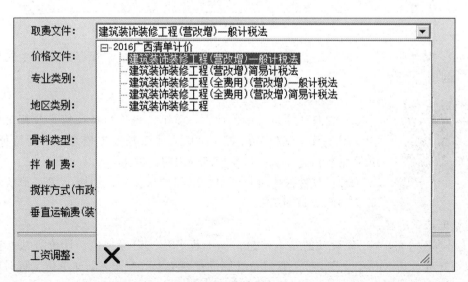

图 6-8　价格文件选择

完成上述四个步骤，单击"确定"后，软件提示需确认"招投标类型"，此时，单击

"是"按钮即可,如图6-9所示。

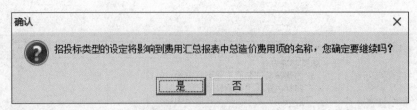

图 6-9　招投标类型确定

【第五步】根据个人需要设置造价文件的保存路径,如图6-10所示。

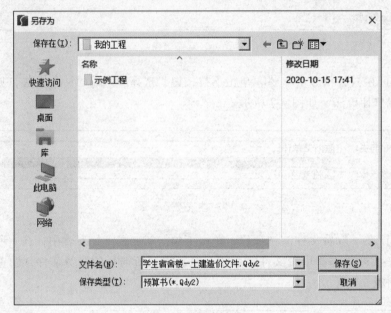

图 6-10　保存路径

单击"保存"按钮,即可完成单位工程的新建操作,同时会在保存路径中生成后缀为"Qdy2"的造价文件。

工程信息

2. 输入

针对具体项目的造价计算,需结合该项目特征信息及相关计价要求。通过【工程信息】功能模块完成工程基本信息、工程特征信息、预算编制信息、工程造价信息等内容的输入。

计价软件操作时打开单位工程计价文件,切换至"工程信息"界面,如图6-11所示。

对话框选项解释:

【基本信息】包含工程属性的基本信息,如工程名称、定额规范、计价方法、清单规范、取费规范等基本内容,是构成工程造价计算的重要依据。在前述新建单位工程时已设置相应的属性值,也可在此作相应的修改。【基本信息】中各属性说明如下:

1)工程名称:是单位工程的工程名称,在新建单位工程时工程名称可默认为单位工程文件名。

图 6-11 工程信息

2）建设规模：应根据工程设计文件填写，和工程单方造价相关联（某些地区的取费也与建筑面积相关联）。

3）定额规范：是本单位工程计价依据使用的默认定额库名称，该属性在新建单位工程时设置。在未录入定额前，在此页面可修改定额库，录入定额后，该属性不能修改。

4）计价方法：是指本单位工程使用的计价办法，包括定额计价、综合计价（工料法）、国标清单计价，如果项目包含多种计价办法，可在其下拉列表中选择相应的计价办法。

5）清单规范：是指本单位工程计价依据使用的清单库，在录入清单前该属性可以改变，录入清单后不能修改。

6）取费规范：是指本单位工程所使用的取费程序文件，取费文件通常和专业类别、工程类别、地区类别等属性相关联。

7）价格文件：可选择一个或多个信息价文件，并输入权值，采用所选信息价的加权平均值作为本单位工程的信息价。

8）工程地点：多数地区的定额不细分地区类别，默认为定额发行地区名；也有些和定额中的人材机定额价格或管理费用等相关联，在改变地区类别时会改变定额单价或定额管理费；如：广东定额细分为四个类别地区，不同类别地区，定额管理费用不同；山东定额按地市细分地区类别，不同地市人材机定额单价不同。

【工程特征】包含结构类型、基础形式、建筑特征、首层高、标准层高等，根据工程特征信息，在该表中填写相关的内容。

【预算编制】包含招投标人信息、编制人、审核人、技术负责人等，根据工程文件的预算编制信息，在该表中填写相关的内容。

【工程造价】主要显示工程总造价、人工费、材料费、机械费等造价信息。

3. 分部分项工程费的计算

分部分项工程费的计算是单位工程造价计算的重要基础。这部分计算内容涉及面广，信息变动大，结合计价软件完成，效率将显著提升。计价软件中【分部分项】功能模块提供了相应的计算平台，其软件界面，如图6-12所示。

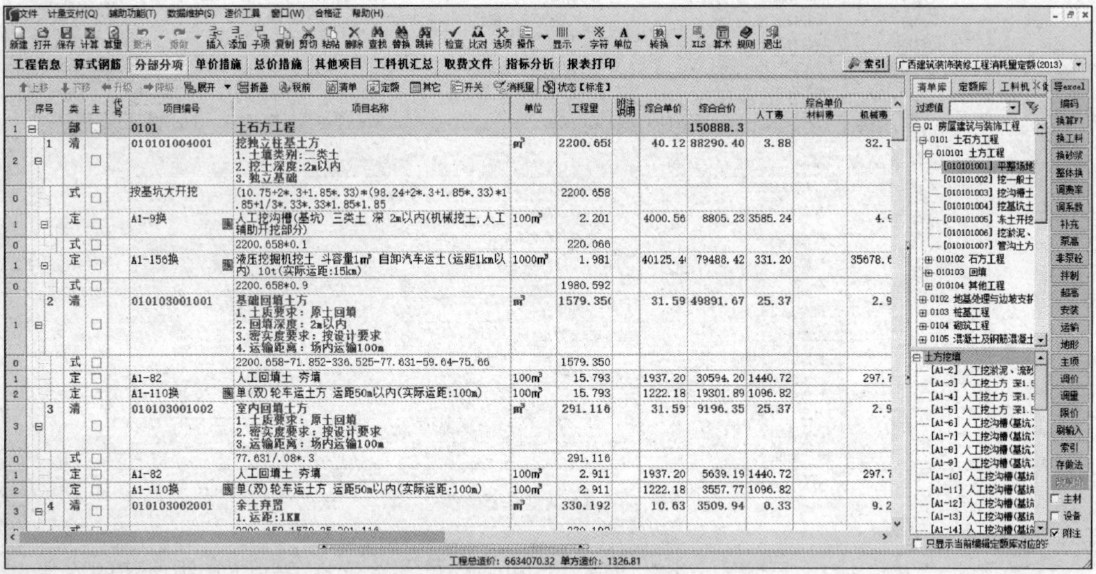

图6-12 "分部分项"软件界面

分部分项工程量清单按记录类型可分为："分部""清单""定额""算式"等子目类型，分部分项工程量清单根据子目类型分层按树型结构显示，根据预算的需要可隐藏或显示"清单""定额""计算表达式"等记录。

分部分项工程量清单按字段描述及造价管理的需要主要包括以下信息：

【序号】显示项目排序号。

【类】显示当前行的属性，如分部、清单、定额、算式等属性。

【项目编号】即项目数据编号，通常是指清单子目、定额子目、工料机的编号。

【项目名称】当前子目的名称。

【单位】指当前子目的计量单位。

【综合单价】包括人、材、机、管理费及利润的单价，按照工料机构成或取费信息计算得到。

【综合合价】包括人、材、机、管理费及利润的合价，由工程量乘以相应的综合单价得到。

【单价分析】按取费文件对应子目的单价分析需求，可分别为分部分项的每个子目设置单价分析类别。操作方法是先在"取费文件"界面，选择"取费"，增加工程的取费文件，返回"分部分项"窗口，在"费用汇总"下拉列表框中选择取费文件。

【费用汇总】按分项取费的需求，可分别为分部分项的每个子目设置取费文件类别。操作方法是在"取费文件"界面，选择"取费"，增加工程的取费文件，返回"分部分项"窗口，在"费用汇总"下拉列表框中选择取费文件。

基于计价软件，完成分部分项工程费的计算主要通过录入清单或定额子目进行。在软件【分部分项】功能模块下，录入清单或定额子目操作，具体方法如下：

方法一：通过索引库录入清单或定额子目

在"分部分项"软件界面的右侧清单查询窗口，展开章节，选择清单子目，双击或拖拽清单子目到分部分项，实现清单录入。

（1）查询清单库相关操作

1）自动定位：按下"自动定位"按钮，分部分项中清单子目移动时，在清单查询窗口自动定位到相应的清单子目。

2）录入工作内容：当勾选"录入清单同时录入工作内容"复选框时，工作内容随清单一并录入，并作为清单的子节点；从清单指引中选择工作内容节点，双击后录入到预算书中。

3）录入定额：双击清单指引中的定额子目，将定额子目录入到清单下面，作为清单的子项。

4）清单索引：包含清单关联的工作内容和定额，如图6-13所示。

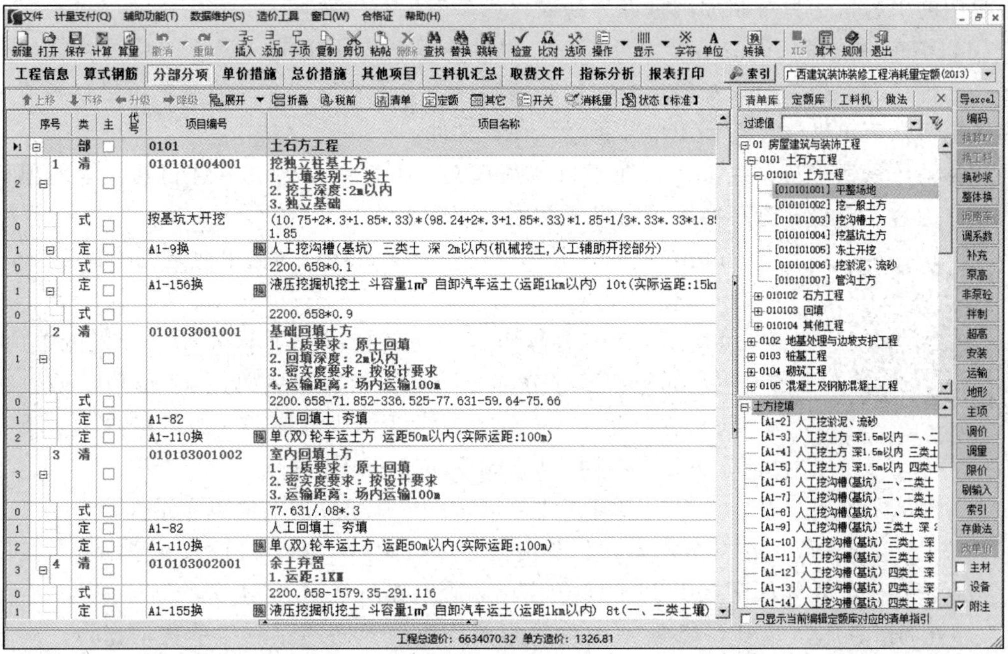

图6-13　清单索引

（2）查询定额库　在查询"定额库"窗口，双击定额子目或拖拽定额到分部分项窗口。

1）自动定位：可利用"查找"功能完成。按下"查找"按钮，分部分项窗口中定额子目移动时，在清单查询窗口自动定位到相应的定额子目，并关联其所在章节。

2）查找：在"查找"页面，输入查找值，选择按编码和名称查找匹配的定额子目。

3）定额借用：当前专业没有相匹配的定额时，可借用其他专业的定额，如市政专业可借用建筑专业的定额。此时，在定额库列表中选择需借用的定额库和定额子专业，在"查找"页面显示当前定额的章节和定额子目。

4）补充定额：切换到"补充"界面，显示用户补充定额。

（3）查询工料机库相关操作

1）自动定位：选择任一条定额，在"消耗量"界面中自动显示该定额的工料机构成；在"工料机"构成页面双击工料机子目，工料机库窗口自动定位到相应的工料机子目，并关联其所在章节。

2）添加工料机到分部分项：光标定位到分部分项窗口，在工料机库查询窗口，双击工料机子目，或单击"添加"命令，或拖拽工料机到分部分项窗口。

3）添加工料机到工料机构成：光标定位到工料机构成窗口，在工料机库查询窗口，双击工料机子目，或单击"添加"命令，或拖拽工料机到工料机构成。

4）替换：在分部分项或工料机构成窗口，选择需要替换的工料机子目，勾选"双击替换"复选框，双击工料机子目，或单击"替换"命令。

5）查找：在查找页面，输入查找值，选择按编码和名称查找匹配的工料机子目。

6）补充工料机：切换到"补充"页面，在查询窗口显示用户补充工料机。

7）工料汇总：切换到"汇总"页面，在查询窗口显示本单位工程的工料机汇总，工料机汇总中的工料机子目可添加到分部分项窗口或参与工料机换算。

（4）清单做法库 即清单套价经验库，包含清单套价历史中某清单的项目特征、工作内容，套价定额，相关换算等信息，在预算编制过程中可将预算文件的清单条目存入清单做法库，也可从清单做法库查询清单条目录入预算文件。

选择清单做法子目，双击或拖拽子目到预算文件，将清单做法子目和其包含的项目特征、工作内容、套价定额、换算等信息一并录入预算文件。

项目清单录入

方法二：在【分部分项】界面直接录入清单或定额子目

（1）清单录入

可使用以下三种操作方法在【分部分项】界面中录入清单项目。需要注意的是：国标分部分项工程量清单编码用 12 位阿拉伯数字表示，前 9 位为全国统一编码，后 3 位为顺序码，由软件自动生成。招投标业务要求在同一标段中清单编码不能重复。

清单录入有两种方法：一是直接输入清单编码；二是通过查询清单库录入。

1）输入清单编码。在【分部分项】界面的"项目编号"列直接输入 9 位编码，按回车键，根据清单编码智能匹配规则生成 12 位清单编码，如图 6-14 所示。

2）查询清单库。如图 6-15 所示，在【分部分项】界面的左侧清单查询窗口，展开章节，选择清单项目，双击或拖拽清单项目到【分部分项】窗口，将选择的清单录入分部分项工程量清单。

除此之外，还可以在软件界面通过反向定位清单项目来查询清单子目。操作如下：根据分部分项的清单快速在清单库查询页面找到相应的清单项目。按下"查找" 命令，在【分部分项】界面中移动光标时，在清单库查询窗口也同步将光标到相应的清单项目。双击【分部分项】界面的清单项目，在清单库查询窗口也同步选中相应的清单项目，如图 6-16 所示。

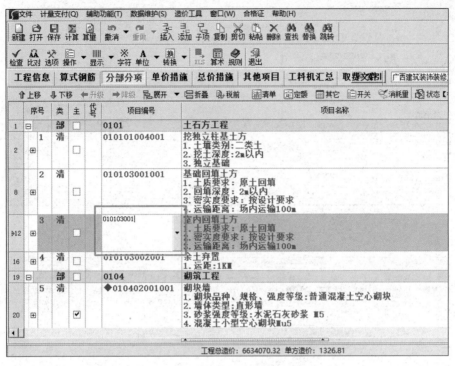

图 6-14　输入清单编码

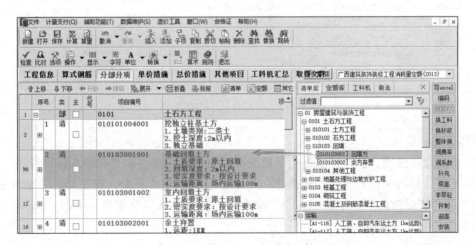

图 6-15　查询清单库

（2）编制清单项目特征

工程量清单项目特征是影响清单综合单价的重要因素，也是造价管理中进行调价、索赔的重要依据。因此，在录入清单项目时，应及时结合项目特征及业主需求编制清单项目特征。

在计价软件中，选择清单子目构成的"项目特征"界面，进入项目特征编辑界面，如图 6-17 所示。

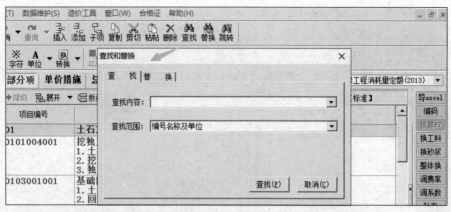

图 6-16 查找功能

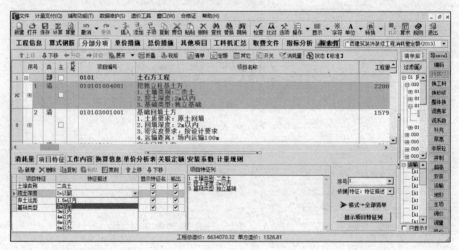

图 6-17 "项目特征"编辑界面

具体操作说明如下：

1）修改特征描述：在特征描述列下拉选择项目特征描述，或直接输入特征描述。

2）复制、粘贴项目特征和特征描述：在图 6-17 所示操作界面，按住 Ctrl 或 Shift 键，选择项目特征和特征描述行，单击"复制"命令，切换至其他清单项目，单击"粘贴"命令，可将复制的内容粘贴到其他清单。

3）【历 案例】命令：从历史案例中拷贝项目特征和特征描述。

4）【显示项目特征列】命令：在分部分项界面隐藏或显示项目特征列。

（3）定额录入

1）在分部分项的"项目编号"列直接输入定额编码，按<Enter>，如图 6-18 所示。

2）可查询"定额库"中定额子目并选定，双击或者拖拽该定额子目挂接至分部或清单节点下。

3）补充定额录入，输入"b-"<Enter>，继续在项目名称、单位、工程量、单价等列输入补充定额信息即可。（注：填入综合单价后，则不需填写人工单价、材料单价及机械单价）

图 6-18　定额录入

（4）定额换算

由于定额具有稳定性和统一性等特点，各地编制的定额子目不可能完全匹配于具体项目，因此需要在录入定额后，结合项目实际情况，进行定额换算。计价软件一般都能快速实现定额换算操作，记录详细换算说明和换算标志，提供查阅换算说明信息和撤销换算操作等功能。

软件操作时，软件默认是录入定额有换算时自动弹出定额换算窗口，或者点击工具栏"转换"命令弹出换算窗口，根据需要录入换算系数或者选择相应的换算条件内容，如图 6-19 所示。定额换算相当于修改定额工料机构成的消耗量，最终表现在单价分析和工料机汇总的数量上。

图 6-19　定额换算窗口

（5）录入工程量

在完成清单或定额子目的录入后，还需录入清单或定额子目的工程量，计价软件才能自动分析综合单价及计算相应合价。工程量的录入可以采用两种方式：一是，直接录入已计算好的结果。基于 BIM 的造价管理追求的是信息的传递和共享。在前期完成的算量软件操作中，可以直接得出项目的工程量计算结果，该结果可直接共享至计价软件中。二是，列式计算工程量。对未开展计算的清单或定额子目，可直接在计价软件中编辑工程量计算式，使用统筹法计算工程量。

软件操作时，可以在未开展计算的清单或定额下新增子项，"项目编号"栏可录入公式的描述，"项目名称"栏可以录入计算公式，如图 6-20 所示。

图 6-20　录入工程量计算公式

4. 单价措施费的计算

单价措施是工程项目的措施部分，通常通过措施费用和措施定额进行组价。单击"单价措施"，进入单价措施编辑界面，可直接录入措施费用和措施定额，还可编辑措施费用的表达式，操作说明可参照本章"分部分项工程费的计算"的相关做法，如图 6-21 所示。

图 6-21　单价措施

5. 总价措施费的计算

总价措施是很可能发生，但发生多少在施工前并不能确定的措施部分，包括安全文明施工、夜间施工增加、二次搬运、冬雨期施工增加等，一般按"取费基数"乘以某一费率计算。在软件清单计价软件中总价措施的操作方法有以下三种。

总价措施

1）方法一：按"取费基数"×"费率"计算得出费用金额。通常"取费基数"中已有费用代号及设定的"费率"，是系统按地方规定自动设定好的，一般不需再修改，如需修改，可单击"取费基数"栏的相应计算表达式进入"费用表达式"窗口按实编辑并填写费率值，如图6-22所示。

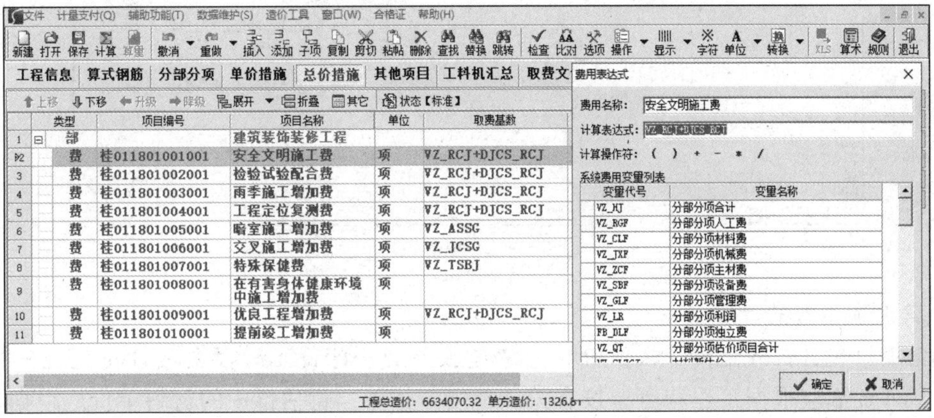

图 6-22 总价措施计算表达式窗口

2）方法二：按实际填写。直接在"取费基数"栏中相应子目填写金额，"费率（%）"填写100，如图6-23所示。

图 6-23 直接录入取费基数

3）方法三：特殊项目随清单子目设置。暗室施工增加费、交叉施工补贴、特殊保健费可以在"特项"中，跟进清单子目进行相应的设置，如图6-24所示。

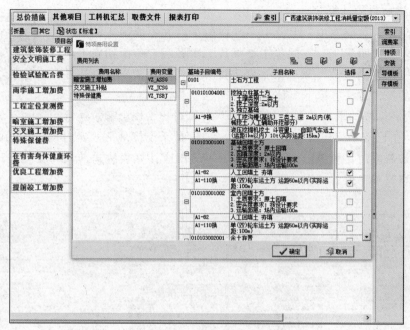

图 6-24　特项费用设置

6. 其他项目费的计算

其他项目包含暂列金额、暂估价、总承包服务费、计日工。根据《计价规范》的相关规定，暂列金额应根据工程特点，按有关计价规定估算；暂估价中的材料单价应根据工程造价信息或参照市场价格估算；暂估价中的专业工程金额应分不同专业，按有关计价规定估算；计日工应根据工程特点和有关计价依据计算；总包服务费应根据招标文件列出的内容和要求估算。各地规定的其他项目的规定和《计价规范》的规定大体相同。

软件操作时，单击预算书的编制任务栏"其他项目"，进入"其他项目"编辑界面，如图 6-25 所示。

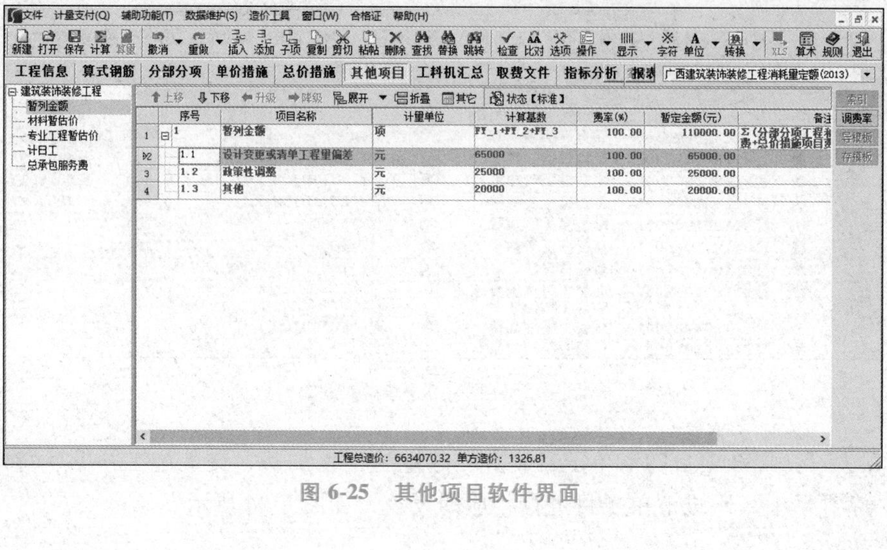

图 6-25　其他项目软件界面

1）直接在"计算基数"中录入费用金额（如暂列金额）。

2）按项目价值和费率计算的费用（如总承包服务费），可通过修改"项目价值"和"费率"。

3）添加工料机子目计算造价（如计日工）。

7. 调整费率

决定工程造价的因素，除了工程量及单价外，还有费率的取值。在计算项目的管理费、利润、总价措施费及其他项目费时，费率的取值与项目的特征及业主的需要有关。为符合造价管理的需要，计价软件通过"调费率"功能实现费率的快速调整，从而更便于业主评判工程造价。在取费文件界面，单击"调费率"，如图6-26所示。即可调出"费率选择"窗口设置工程的各项费率取值。

图 6-26　取费文件界面

6.2.2　造价的分析及最终确定

1. 指标分析

通过前述操作，可较快地确定单位工程造价，该数值是否满足业主在造价管理上的要求，可以通过计算相关经济指标来评判。计价软件可快速计算出各种经济指标和每平米建筑面积主要技术指标，这些指标是企业快速测定工程造价水平，计算工程造价经济指标，指导投资决策的依据。常用的造价经济分析指标包括分项工程造价指标、主要项目指标、主要人材机指标、三材分类指标、主要费用指标及每平方米建筑面积主要技术指标。各指标的含义如下：

1）分项工程造价指标：根据清单或定额和指标项的关系，计算出分项造价、单方造价和占总造价百分比指标。

2）主要项目指标：用户可输入参数筛选出主要项目，并计算其单方造价和占总造价百分比指标。

3）主要人材机指标：筛选出影响造价较大的人材机，并计算其单方造价和占总造价百分比指标。

4）三材分类指标：按三材类型计算和输出三材分类指标。

5）主要费用指标：从取费文件中提取主要费用项指标。

6）每平方米建筑面积主要技术指标：计算每平方米建筑面积主要项目和主要材料的用量。

利用计价软件计算时，可直接通过图6-27所示的操作流程快速完成项目的经济指标分析。

2. 工料机汇总

在进行经济指标分析或业主进行项目造价管理时，有时需要针对项目的工料机进行统计和分析。由于项目涉及的材料、机械数量和种类繁多，软件的自动汇总功能能辅助业主开展造价管理工作。

计价软件提供了【工料机汇总】功能模块，如图6-28所示，便于业主直观查看和调用相关信息。

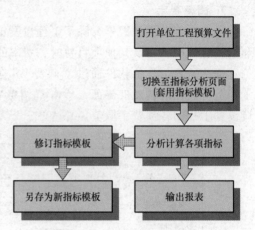

图 6-27　指标分析操作流程

图 6-28　工料机汇总明细

软件操作相关说明如下：

1）主要材料：在工料机汇总中，可手工勾选出比较重要的材料，该材料即在"主要材料"界面显示。

2）市场价：可导入或可根据需要直接手动录入信息价。

3）反查：查询某一材料所涉及的清单定额子目。

4）工料机分解类型：勾选"机械""普通配比材料"等复选框在"工料机汇总"界面左下角窗口内勾选需要分解的工料类型，单击"计算"，即对所有此类型的工料机按配比进行分解。

3. 报表打印

经过经济指标分析后，业主可对造价进行调整，最终确定工程造价，形成所需的各类经济成果文件。在《清单计价规范》的强制要求下，相关经济成果文件的格式是统一的，因此，计价软件结合相关要求，将统一格式的造价文件表格进行预设，提供【报表打印】功能模块，便于业主在招投标阶段或竣工结算阶段选择，提升造价管理工作的规范性。

软件操作时，在预算编制窗口的任务栏选择"报表打印"，进入报表打印界面，如图 6-29 所示。报表打印界面提供报表设计、打印，以及封面编辑、打印功能。

图 6-29 报表界面

第7章 工程造价BIM应用——案例实操

工程造价 BIM 应用是工程建设项目 BIM 应用最核心的内容，对建设方、承包商均有重大意义，基于 BIM 的算量软件按照各专业工程量计算规范、定额计量规则，利用三维图形技术进行工程量自动计算，并生成工程量清单计价。

目前 BIM 算量主要采用两种方式，一是直接从 BIM 设计模型（Revit 模型）中获取工程计价所需的工程量，但是由于目前设计软件的开发现状，仍不能达到完全利用 BIM 建模软件计算建安工程所有分项工程量，对部分措施项目，也无法通过模型计算。另外，对于计算工作量最大的钢筋工程，在建筑模型中也无法获取相应工程量，必须从结构设计软件中提取数据。二是利用 BIM 设计模型，将其转化到 BIM for Revit 算量软件中，通过 BIM 算量模型按照传统算量方式计算各分项工程量，为下一步计划和进度计划的编制提供基础数据。这种方法将传统的算量与 BIM 设计模型结合起来，充分发挥了两者的专业优势，也是现阶段 BIM 技术应用中，普遍采用的方式。

下面结合基于 BIM 完成的工程设计模型，进行工程造价 BIM 应用的案例工程讲解。通过本案例的学习，帮助读者掌握如何基于 BIM 技术完成一个项目的造价确定工作。

本案例工程为一栋建筑面积 1097.6m² 的某小学学生宿舍楼，其中，地上部分共计 5 层，建筑主体高度为 18.15m，采用框架结构，抗震设防烈度为 7 度，建筑耐火等级为二级，结构设计及其他要求执行相应标准图集。

各楼层信息见表 7-1。

表 7-1 各楼层信息

楼层情况	楼地面标高/m	该层对应的层高/m	框架抗震等级	柱砼强度等级	梁、板砼强度等级
楼梯间屋面	21.000				
上人屋面	18.000	3.000	三级	C30	C30
5	14.400	3.600	三级	C30	C30
4	10.800	3.600	三级	C30	C30
3	7.200	3.600	三级	C30	C30
2	3.600	3.600	三级	C30	C30
1	±0.000	3.600	三级	C30	C30

■ 7.1 算量前期工作

基于 BIM 工程造价管理中，工程量计算的实质是将 BIM 设计模型的基础工程量数据加以利用，BIM 设计模型的工程量与工程的实际情况是否一致，取决于 BIM 设计模型向 BIM 算量模型转换时，其"工程设置""模型映射""算量选项"是否完成了对应的正确设置。

7.1.1 BIM 设计模型的导入

1. 打开土建 BIM 设计模型

算量软件启动后进入到软件的起始界面，如图 7-1 所示。

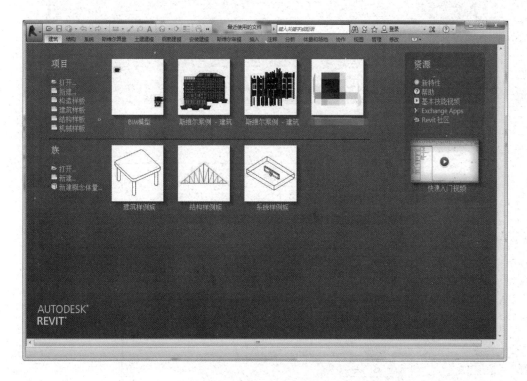

图 7-1 软件的起始界面

在"起始界面"中，可以看到近期打开启动过的项目文件和族文件，此时需要打开一个 BIM 设计模型以应用到算量模型中。单击"项目"栏中"打开"按钮，弹出"打开"对话框，在"打开"对话框中找到"学生宿舍楼—土建模型文件"的路径（该模型文件为前期已经设计好的 Revit 模型文件），单击对话框中的"打开"按钮即可打开所需项目文件，如图 7-2 所示。

选择并打开 BIM 设计模型后，软件会提示"未解析的参照"对话框。当拥有多个专业链接模型需要同时算量，则单击"打开'管理链接'以更正此问题"进行链接路径查找。本案例以单模型为例进行讲解，此时，单击"忽略并继续打开项目"即可，如图 7-3 所示。

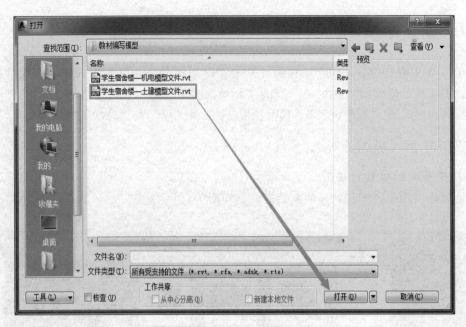

图 7-2　打开 BIM 设计模型

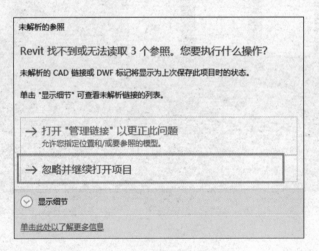

图 7-3　"未解析的参照"对话框

打开项目后，操作界面如图 7-4 所示。

2. 链接安装 BIM 设计模型

打开土建 BIM 设计模型后，需将土建模型和机电模型进行整合；单击"插入"选项卡下"链接"面板中的"链接 Revit"命令，弹出"导入/链接 RVT"对话框，选择"学生宿舍楼—机电模型文件"项目文件，单击"打开"按钮，将安装模型链接到土建模型上，如图 7-5 所示。

模型链接完成后，在"斯维尔算量"选项卡中有部分功能处于未激活状态，需要通过"工程设置"及"模型映射"激活"斯维尔算量"选项卡功能，如图 7-6 所示。

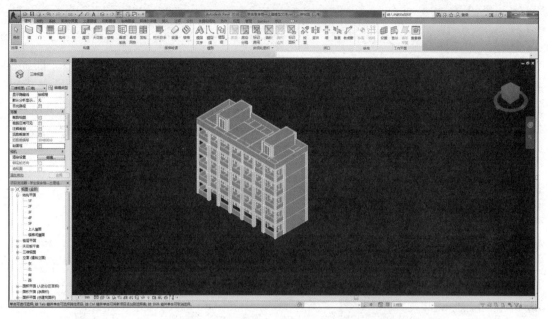

图 7-4　土建 BIM 设计模型操作界面

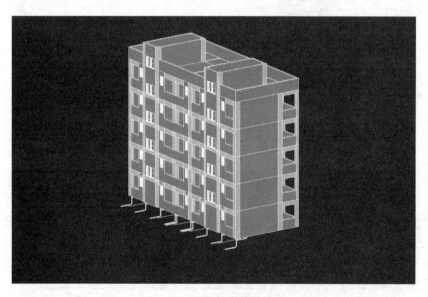

图 7-5　土建+机电算量模型

图 7-6　"斯维尔算量"选项卡

7.1.2 BIM 算量模型的信息设置

1. 激活"工程设置"命令

在"斯维尔算量"选项卡中，单击"工程设置"面板中的"工程设置"命令，即可弹出"工程设置"对话框，如图 7-7 所示。

图 7-7 "工程设置"对话框

2. 计量模式的设置

在"工程设置"对话框中，首先需要在"计量模式"页面根据工程实际情况设置工程的计算依据，如清单模式、定额名称、清单名称等。

本案例工程以"清单模式-实物量按定额规则计算"为例。

确定了计量模式后，要选择相应的地区定额、清单，本案例工程以广西地区定额、清单为例，在"土建定额名称"栏选择"广西建筑装饰消耗量定额（2013）"，随后软件会自动匹配"安装定额名称"及"清单名称"，此时，"安装定额名称"栏显示为"广西安装工程消耗量定额（2015）"；"清单名称"栏显示为"国标清单（2013）"，如图 7-8 所示。

设置完成"计算依据"后，需设置正负零距室外地面的高差值，此值用于计算土方工程量的开挖深度。说明栏中的内容为注明数据按需设置，否则会影响工程量计算。根据图纸要求，本案例工程将其设置为"150"mm。"超高设置"用于设置定额规定的梁、板、墙及柱标准高度，高度超过了此处定义的标准高度时，其超出部分就是超高高度。根据广西定额计算规则，本案例工程设置为"3600"mm，如图 7-9 所示。

"相关设置"栏用于约束模型算量的计算规则及输出的内容和要求，包括算量选项、分组编号及计算精度。"算量选项"需结合工程相关内容进行设置。"分组编号"用于自定义一些分组编号，可以标注各个分组里面的构件。"计算精度"可以设置分析与统计结果的显示精度，即小数点后的保留位数，这里的默认值统一按照保留小数点后四位设置，如图 7-10 所示。

图 7-8　计算依据

图 7-9　楼层设置

3. 楼层设置

当"计量模式"页面设置完成后，单击"下一步"按钮，切换到"楼层设置"页面。在此页面中，软件会提取 BIM 设计模型中的楼层标高，根据勾选的标高生成相应的楼层信息，"归属楼层设置"是根据构件楼层的属性或者构件的标高信息判断构件在汇总计算中的楼层划分，"获取建筑面积"是工程中创建楼层的建筑面积，汇总计算后，在楼层设置中显示建筑面积。此时，需要对楼层信息进行核对，确认无误后单击"下一步"按钮，如图7-11所示。

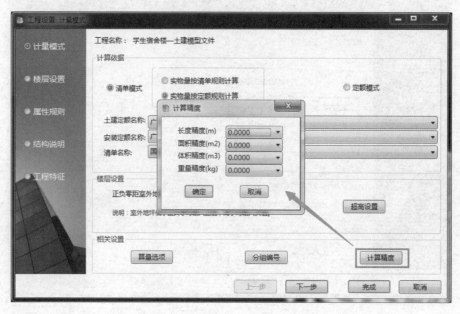

图 7-10　计算精度

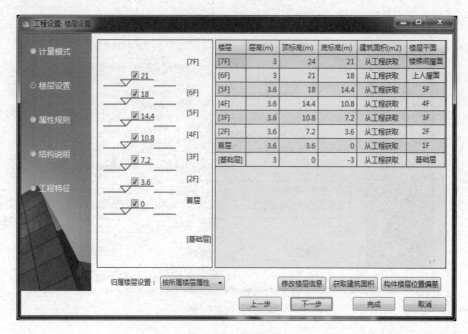

图 7-11　楼层设置

4. 属性规则的设置

"属性规则"的设置目的是使算量软件能够快速从 BIM 设计模型的族名、实例属性及类型属性中获取材质、强度等级及砂浆材料等信息。本案例工程的 BIM 设计模型参照建模规范的原则建立，不存在属性偏离问题，因此，在"属性规则"页面中不需要进行调整，直接单击"下一步"按钮，如图 7-12 所示。

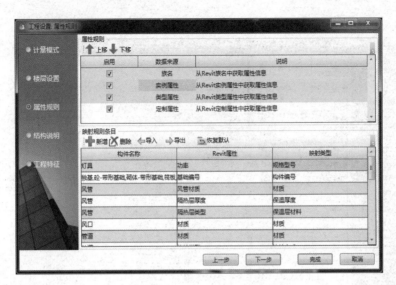

图 7-12　"属性规则"页面

5. 结构说明的设置

在"结构说明"页面，需要根据表 7-1 各楼层信息中的相关信息进行设置。

以调整"梁砼等级"为例，软件默认所有楼层梁砼强度等级均为 C25。根据表 7-1 要求，需要将所有楼层的柱子强度等级调整为 C30，操作如下：

【第一步】单击梁构件所属楼层后的下拉列表按钮，在弹出的"楼层选择"对话框中勾选所有楼层，然后单击"确定"，如图 7-13 所示。

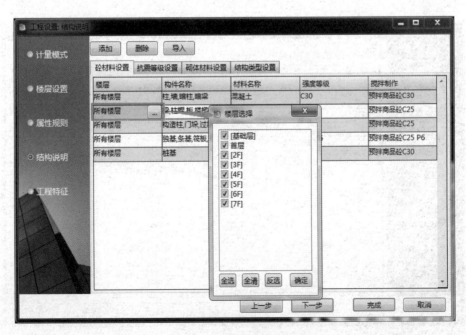

图 7-13　勾选所有楼层

【第二步】单击"构件名称"后的下拉列表按钮，在下拉列表中，选择对应的构件，如图 7-14 所示。

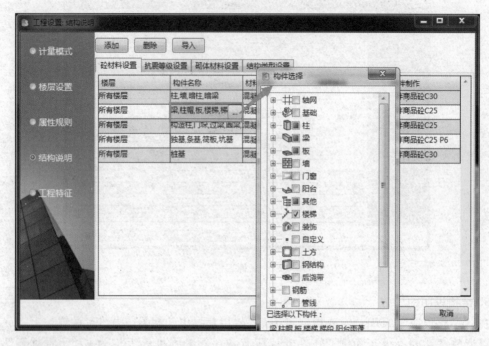

图 7-14　选择对应的构件

【第三步】单击与"构件名称"楼层对应的混凝土强度等级信息，在下拉列表中选择"C30"，如图 7-15 所示。

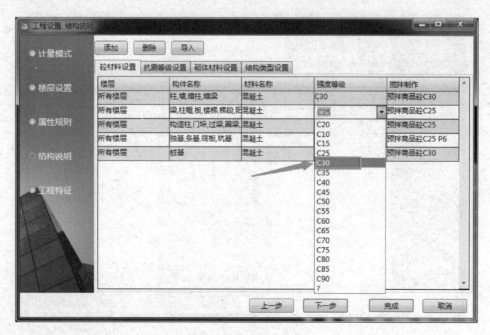

图 7-15　选择强度等级

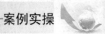

再以相同步骤调整基础、板等构件的混凝土强度等级，如图7-16所示。

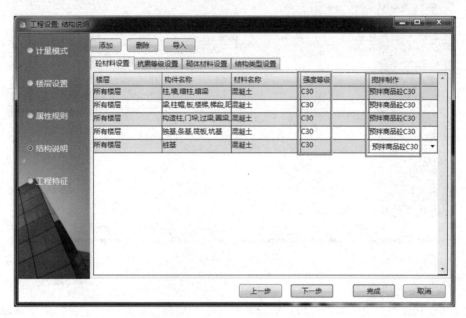

图7-16 其余构件强度等级调整

修改完成"砼材料设置"选项卡各项内容后，需要对"抗震等级设置"进行调整，根据表7-1可知本案例工程抗震等级为三级，所以需将"抗震等级"修改为"3"，如图7-17所示。

图7-17 修改抗震等级

"砌体材料设置"选项卡各项内容所用修改方式方法与"砼材料设置"的修改方法一致，根据图纸说明内容修改即可，如图7-18所示。

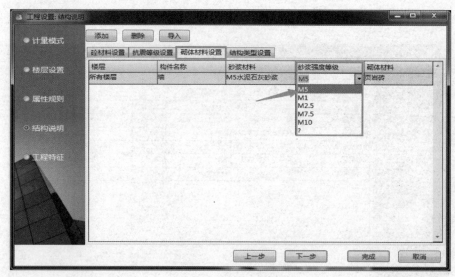

图 7-18　砌体材料设置

6. 工程特征的设置

完成"结构说明"页面的设置后，单击"下一步"按钮，切换到"工程特征"页面。此页面包含了工程一些局部特征的设置，填写栏中的内容可以从下拉列表中选择也可直接填写合适的值。在这些属性中，用蓝色标识的属性值为必填内容，其中"地下室水位深"用于计算挖土方时的湿土体积。其他蓝色标识的属性是用于生成清单的项目特征，作为清单归并统计条件。在"工程特征"页面中，"工程概况"栏的内容不影响工程量的计算，根据实际情况录入信息即可。而在"计算定义"栏中的信息对工程量影响较大，本案例工程中，需根据设计要求将"钢丝网贴缝宽"设置为"300"，"楼地面卷边高""屋面防水卷边高"都设置为"300"，如图 7-19 所示。

图 7-19　计算定义

在"工程特征"中"安装特征"栏的信息会对安装工程量产生较大影响，本案例工程"安装特征"设置如图7-20所示，最后单击"完成"按钮。

图7-20 安装特征

7.2 模型映射

7.2.1 模型映射手动调整

完成"工程设置"后，"斯维尔算量"选项卡中的部分功能仍未激活，此时，还需要对BIM设计模型进行映射，使Revit模型信息转化为算量模型信息。

在"斯维尔算量"选项卡中单击"模型映射"命令，弹出"模型映射"对话框，如图7-21所示。

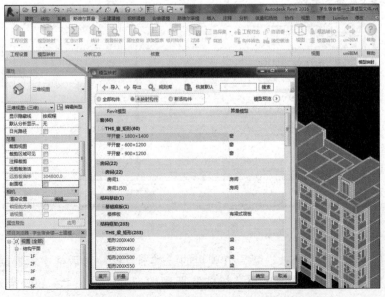

图7-21 "模型映射"对话框

在"模型映射"对话框中，需要核对 Revit 模型与算量模型的映射信息是否匹配。如果存在需要计算工程量的构件未能正确映射的情况，如本案例中框架梁未能正确映射，则需要进行相应的调整，如图 7-22 所示。

图 7-22 矩形梁映射信息

批量调整操作如下：

【第一步】将光标停留在"矩形 200×400"处，按住鼠标左键，向下滑动光标至"矩形 200×600"处，放开鼠标左键，此时光标滑过的列表将被选择，以蓝色背景显示，并且在对话框下方出现"类别修改"按钮，如图 7-23 所示。

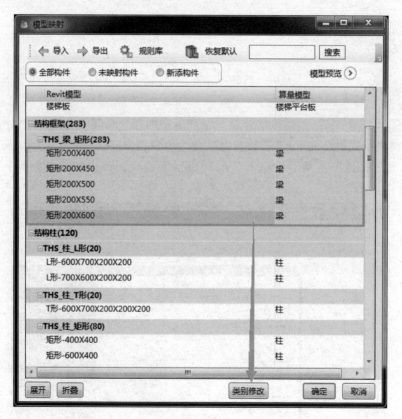

图 7-23 批量选择

【第二步】单击"类别修改"后，在弹出的"类别设置"对话框中，根据"专业分类""转换类别""子类别"，依次选出与"梁体"匹配的"专业分类""转换类别"及"子类

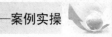

别"信息，如图7-24所示。

图7-24 "类别设置"对话框

【第三步】在"类别设置"对话框中选定相应类别信息后，单击"确定"按钮，即可完成该部分信息的调整，如图7-25所示。

采用相同操作方式调整其他"未映射构件"，其中"风管管件"中的"矩

图7-25 类别修改

形弯头"属于通风专业的内容，在进行子类别定位时，需要在"通风"专业分类中查找，"矩形弯头"子类别软件将其归属于"风管弯头"转换类别中，如图7-26所示。

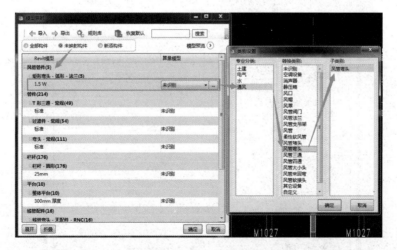

图7-26 "矩形弯头"调整

继续核对，将"T形三通"的映射信息调整为"管道三通"，如图7-27所示。其余未映射构件均可按照此方法进行调整，调整完成后，单击"确定"按钮。

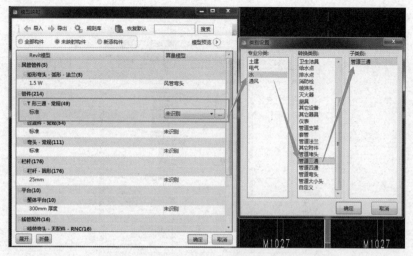

图 7-27 "T 形三通"调整

7.2.2 模型映射文件的导出与导入

在实际工程项目中，一个模型文件往往有成百上千的构件，如果每次新建一个工程项目，都需要花费大量的时间进行模型映射的核对，将会降低操作者的工作效率，所以在规范建模的基础上所创建的 BIM 设计模型，可以通过导入相似工程的"模型映射文件"快速地完成模型映射工作。

1. 模型映射文件导出操作

【第一步】单击"模型映射"对话框左上角的"导出"按钮，如图 7-28 所示。

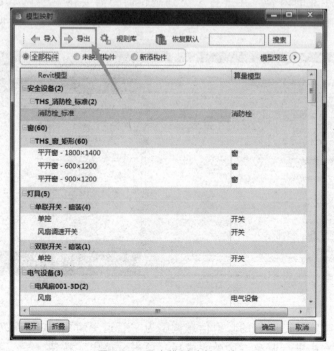

图 7-28 导出模型映射文件

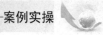

【第二步】在对话框中选择文件的保存路径，并输入保存文件的名称，最后单击"保存"按钮即可，如图 7-29 所示。

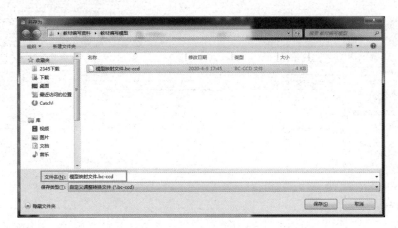

图 7-29　保存模型映射文件

2. 模型映射文件导入操作

【第一步】单击"模型映射"对话框左上角的"导入"按钮，如图 7-30 所示。

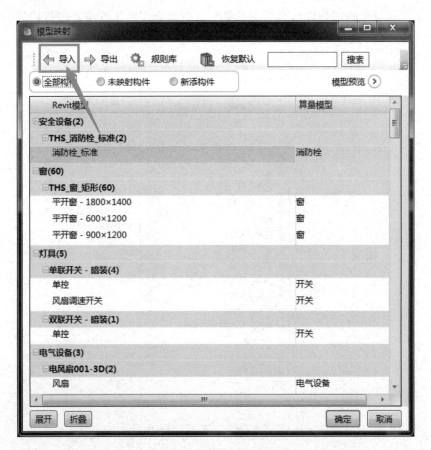

图 7-30　导入模型映射文件

【第二步】在弹出的"打开"对话框中找到"模型映射文件"的路径，并选择"模型映射文件"如图7-31所示。

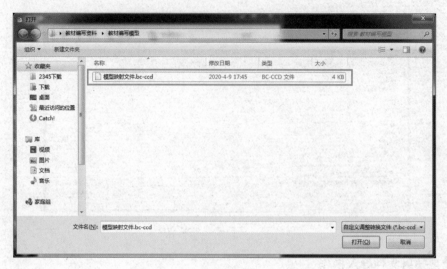

图 7-31　选择模型映射文件

【第三步】在弹出的"构件选择"对话框中，可根据实际工程需要进行构件的选择，本案例工程中选择全部构件，如图7-32所示。

图 7-32　映射构件选择

【第四步】单击"确定"按钮，完成导入模型映射文件的操作。

【第五步】导入模型映射文件后，"模型映射"对话框中的内容将根据导入的模型映射文件内容快速进行调节。若无需再次调整，单击"确定"按钮，即可完成模型映射操作。

完成模型映射的操作后，"斯维尔算量"选项卡中的所有功能即可激活，如图7-33所示。

图7-33 激活后的"斯维尔算量"选项卡

7.3 工程量计算

7.3.1 工程量的初步计算

1. 汇总计算的操作

"斯维尔算量"选项卡中的"汇总计算"功能激活后，即可进行BIM设计模型的工程量计算。操作如下：

【第一步】单击"汇总计算"功能，如图7-34所示。

图7-34 汇总计算

【第二步】在弹出的"汇总计算"对话框中，根据需要勾选需要计算的分组、楼层、构件等内容，如果需要对BIM设计模型进行完整的计算，则可以全部勾选。"计算方式"栏中，勾选"清除历史数据"复选框时清除之前汇总的计算结果，所有构件重新计算；不勾选时软件在之前计算结果的基础上，只调整工程中发生变化的构件结果。勾选"实物量与做法量同时输出"复选框后实物量结果为计算挂接做法以外构件的工程量，做法工程量只计算挂接了做法的构件；不勾选时实物量与做法量互不干涉，实物量为全部构件的工程量。本案例工程无特殊要求，只勾选"分析后执行统计"复选框，然后单击"确定"按钮，如图7-35所示。

等待计算分析完成后，软件将会弹出"工程量分析统计"结果窗口。该窗口中列出了所有映射构件的实物工程量，如图7-36所示。

图 7-35 "汇总计算" 对话框

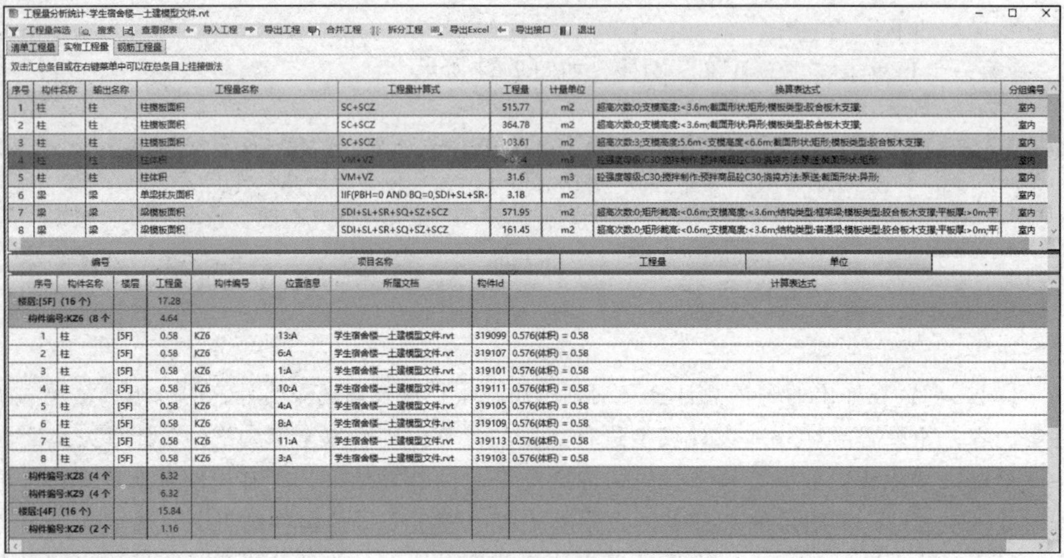

图 7-36 工程量分析统计结果

2. 工程量筛选

本实例工程的 BIM 设计模型包含了多专业的内容，计算完整模型的工程量后，列表中的内容非常丰富，此时，为了快速定位出造价管理中需要查询的工程量数据，可以通过"工程量筛选"功能指定列表中的显示内容。

工程量筛选操作如下：

【第一步】在"工程量分析统计"结果窗口的左上角单击"工程量筛选"按钮，如图7-37所示。

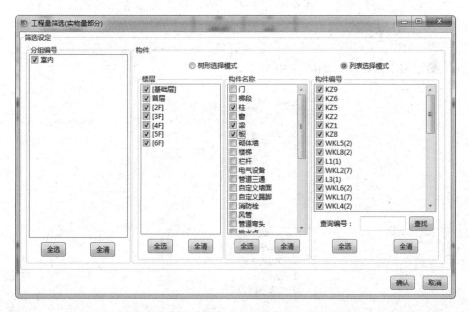

图 7-37　工程量筛选

【第二步】在弹出的"工程量筛选（实物量部分）"对话框中，可以根据条件勾选需要指定查询的内容。例如，在构件名称一栏中，只勾选出柱、梁、板三个选项，"构件编号"栏中，全选即可，然后单击"确定"按钮，完成筛选的操作，如图7-38所示。

图 7-38　工程量筛选（实物量部分）指定筛选

返回到"工程量分析统计"结果窗口中，此时显示的内容即为筛选后的柱、梁、板相关的实物工程量，如图7-39所示。

工程量分析统计-学生宿舍楼—土建模型文件.rvt

工程量筛选　搜索　查看报表　导入工程　导出工程　合并工程　拆分工程　导出Excel　导出接口　退出

清单工程量　实物工程量　钢筋工程量

双击汇总条目或在右键菜单中可以在总条目上挂接做法

序号	构件名称	输出名称	工程量名称	工程量计算式	工程量	计量单位
1	柱	柱	柱模板面积	SC+SCZ	518.626	m2
2	柱	柱	柱模板面积	SC+SCZ	364.7812	m2
3	柱	柱	柱模板面积	SC+SCZ	104.349	m2
4	柱	柱	柱体积	VM+VZ	80.64	m3
5	柱	柱	柱体积	VM+VZ	31.68	m3
6	梁	梁	单梁抹灰面积	IIF(PBH=0 AND BQ=0,SDI+SL+SR+SQ+SZ+SD	3.2078	m2
7	梁	梁	梁模板面积	SDI+SL+SR+SQ+SZ+SCZ	20.9922	m2
8	梁	梁	梁模板面积	SDI+SL+SR+SQ+SZ+SCZ	625.0588	m2
9	梁	梁	梁模板面积	SDI+SL+SR+SQ+SZ+SCZ	97.9357	m2
10	梁	梁	梁模板面积	SDI+SL+SR+SQ+SZ+SCZ	6.272	m2
11	梁	梁	梁模板面积	SDI+SL+SR+SQ+SZ+SCZ	4.8	m2
12	梁	梁	梁模板面积	SDI+SL+SR+SQ+SZ+SCZ	179.5458	m2
13	梁	梁	梁体积	VM+VZ	1.5565	m3
14	梁	梁	梁体积	VM+VZ	59.0421	m3
15	梁	梁	梁体积	VM+VZ	7.106	m3
16	梁	梁	梁体积	VM+VZ	1.892	m3
17	梁	梁	梁体积	VM+VZ	0.94	m3
18	梁	梁	梁体积	VM+VZ	17.086	m3

图 7-39　工程量筛选结果

钢筋调整计算

7.3.2　钢筋调整计算

1. 钢筋转换

在"工程量分析统计结果"窗口中，可以看到软件仅汇总出了一部分的钢筋工程量，由于尚未对钢筋数据进行相应的转换，所以，此时的钢筋工程量统计并不完整。要获得完整的钢筋统计信息，需进行钢筋转换操作，具体过程如下：

【第一步】关闭"工程量分析统计"结果窗口，返回到软件主界面。在项目浏览器中切换至"1F"的结构平面视图，如图 7-40 所示。

图 7-40　切换结构平面视图

【第二步】在功能选项栏中，切换至"钢筋建模"选项卡。如图 7-41 所示。

图 7-41　"钢筋建模"选项卡

【第三步】在"钢筋建模"选项卡中，展开"钢筋布置"下拉选项，单击"钢筋转换"命令，如图 7-42 所示。

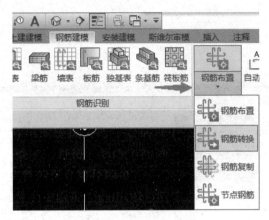

图 7-42　钢筋转换功能

【第四步】在弹出的"楼层与构件类型选择"对话框中，选择"斯维尔默认方案"，勾选全部楼层及构件，并在下方勾选"构件存在钢筋数据时，覆盖原有数据"复选框。然后单击"确定"按钮，如图 7-43 所示。

图 7-43　选择配置方案

【第五步】等待钢筋转换完成，如图 7-44 所示。

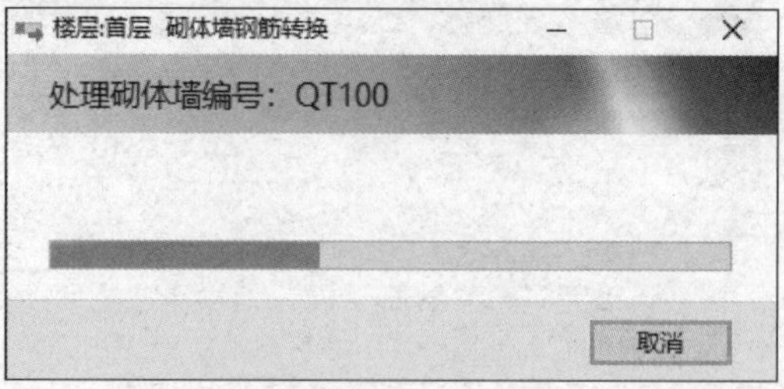

图 7-44　等待钢筋转换

2. 核对单筋

完成"钢筋转换"的操作后，即可通过"核对单筋"的功能查询单一构件的钢筋信息，如图 7-45 所示。

图 7-45　"核对单筋"对话框

核对单筋的操作如下：

【第一步】单击"核对单筋"功能，如图 7-46 所示。

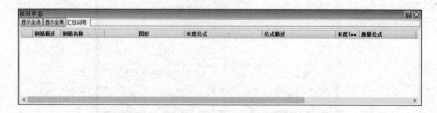

图 7-46　单击"核对单筋"功能

【第二步】弹出"核对单筋"的空白对话框。根据提示栏的提示，将光标移动至需要查询钢筋信息的构件上，单击选择，如图 7-47 所示。

图 7-47　空白对话框

单击需要查询的构件后，"核对单筋"对话框中即可显示该构件相关的钢筋信息。如钢筋名称、图形、长度公式、长度、单重、总重、搭接方式等信息，如图7-48所示。

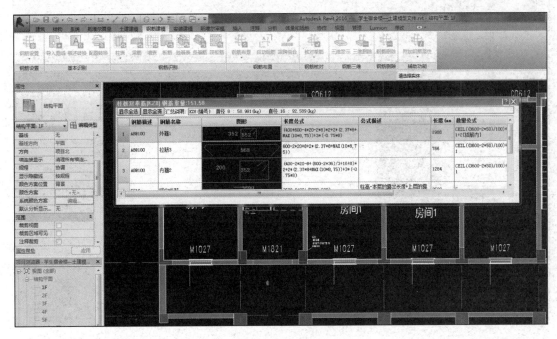

图7-48　钢筋信息显示

3. 钢筋工程量汇总

完成"钢筋转换"的操作后，除了可以核对单一构件的钢筋信息外，还可以切换至"斯维尔算量"选项卡，通过"汇总计算"功能，计算出完整的钢筋工程汇总数据，如图7-49所示。

序号	钢筋级别	根数	钢筋类型	长度(m)	重量(kg)	接头	接头数
1	A	11147	箍筋	15375	6496.4177	绑扎	0
2	C	469	非箍筋	1604	659.6705	绑扎	0
3	C	50	非箍筋	436	1063.6453	双面焊	10
4	C	487	非箍筋	2188	3238.5398	绑扎	353
5	C	488	非箍筋	1921	4234.5208	电渣焊	488

图7-49　钢筋工程量汇总

7.3.3　装饰工程量的计算

1. 汇总计算装饰工程量

单击"汇总计算"功能，在弹窗中"楼层"栏中勾选"首层"，在"构件"栏中勾选"装饰"，最后单击"确定"，如图7-50所示。

等待计算分析完成后，系统弹出"工程量分析统计结果"窗口。窗口中列出了所有已计算的装饰工程量，如图7-51所示。

装饰工程计算

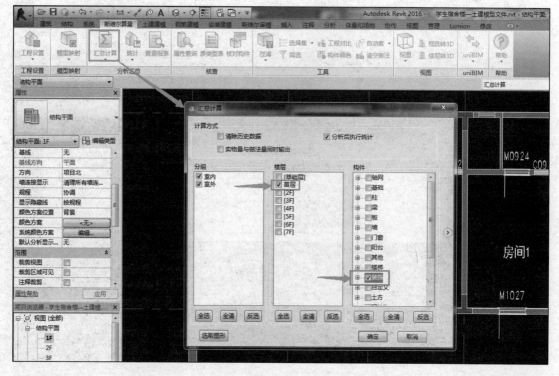

图 7-50　汇总计算装饰工程量

序号	构件名称	输出名称	工程量名称	工程量计算式	工程量	计量单位
22	楼地面	楼地面	楼地面面积	SM+SZ	66.6226	m2
23	天棚	天棚	天棚边沿周长	U	66.44	m
24	天棚	天棚	天棚面积	SM+SZ	66.7019	m2
25	踢脚	踢脚	非砼踢脚一面积	STJF+STJZF	5.3851	m2
26	踢脚	踢脚	踢脚面积	STJ+STJZ+STJF+STJZF+STJF1+STJF2	6.1475	m2
27	踢脚	踢脚	踢脚长度	LTJ+LTJZ+LTJF+LTJZF	61.4749	m
28	踢脚	踢脚	砼踢脚面积	STJ+STJZ	0.7624	m2
29	墙裙	墙裙	非砼面墙裙一面积	SQUNF+SQUNZF	43.0489	m2
30	墙裙	墙裙	墙裙面积	SQUN+SQUNZ+SQUNF+SQUNZF	49.1479	m2
31	墙裙	墙裙	墙裙长度	LQUN+LQUNZ+LQUNF+LQUNZF	61.4349	m
32	墙裙	墙裙	砼墙裙面积	SQUN+SQUNZ	6.0989	m2
33	墙面	墙面	非砼墙面一面积	SQMF+SQMZF	169.2504	m2
34	墙面	墙面	墙面面积	SQM+SQMZ+SQMF+SQMZF	224.51	m2

图 7-51　装饰工程量汇总

2. 选取图形算量

除上述介绍的筛选构件方式计算装饰工程量以外，还可采用"选取图形"计算装饰工程量，其操作如下：

【第一步】单击"汇总计算"功能，在弹窗中单击"选取图形"按钮，如图 7-52 所示。

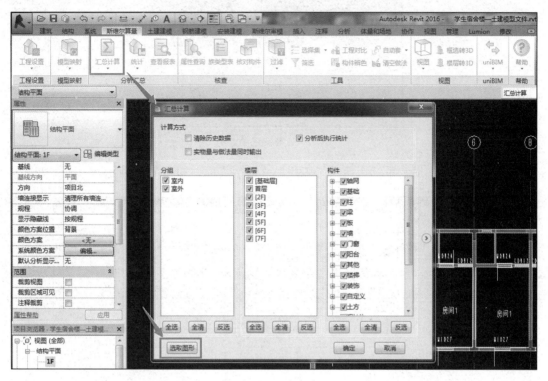

图7-52 选取图形

【第二步】框选所需计算部分的构件，并单击"完成"按钮，如图7-53所示。

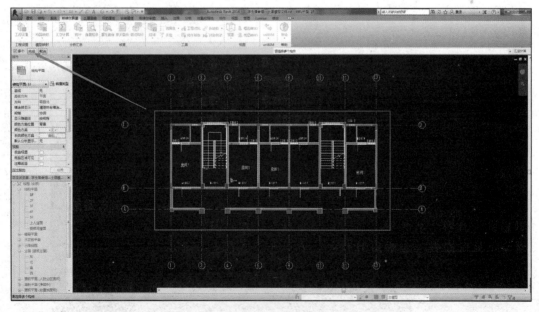

图7-53 框选构件

【第三步】等待汇总计算完成，如图7-54所示。

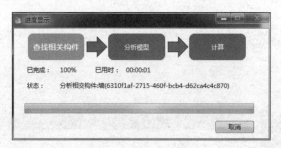

图 7-54 等待汇总计算

汇总计算完成之后，系统切换至"工程量统计"界面，如图 7-55 所示。

序号	构件名称	输出名称	工程量名称	工程量计算式	工程量	计量单位
7	门	门	门框周长	U	350	m
8	门	门	门框周长	U	108	m
9	门	门	门樘面积	SMT+SZ	121.5	m2
10	门	门	门樘面积	SMT+SZ	58.32	m2
11	窗	窗	窗樘周长	U	259	m
12	窗	窗	窗樘面积	SCT+SZ	70.2	m2
13	栏杆	栏杆	栏杆净长	L	207.5	m
14	柱	柱	柱模板面积	SC+SCZ	518.63	m2
15	柱	柱	柱模板面积	SC+SCZ	364.78	m2
16	柱	柱	柱模板面积	SC+SCZ	104.32	m2
17	柱	柱	柱体积	VM+VZ	80.64	m3
18	柱	柱	柱体积	VM+VZ	31.6	m3

图 7-55 工程量统计

3. 核对图形算量

单个房间装饰工程量核对可使用"核对构件"命令，相关操作步骤如下：

【第一步】单击"斯维尔算量"选项卡的"核对构件"命令，然后框选已布置好的房间装饰名称，如图 7-56 所示。

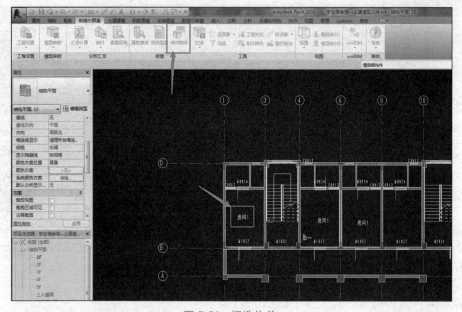

图 7-56 框选构件

【第二步】选中需要核对的构件之后，会自动跳转到"核对构件"对话框，可在构件下拉栏中选择需要查看的装饰部分，如图 7-57 所示。

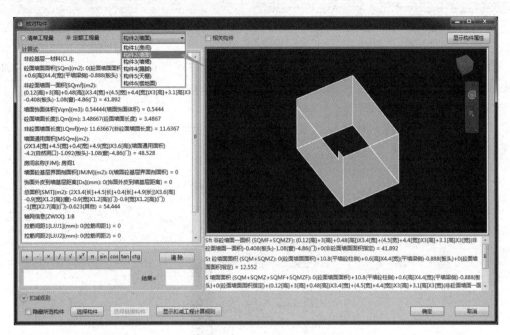

图 7-57　核对构件结果

7.3.4　计算结果的调整

在实际工程项目中，往往存在与软件默认设置不符的情况，比如工程量输出结果、扣减规则等。在实际造价管理工作中，需要根据项目实际情况进行调整。此时，采用计价软件的"算量选项"功能进行辅助。下面以本案例工程为例进行介绍。

1. 工程量输出规则

在现场施工管理时，需要分别查询 1.5m 以下、1.5m 以上两个高度的砌体墙体积工程量。而软件默认的算量选项设置中，砌体结构墙体的换算条件只提供了"厚度""砂浆材料""砌体材料""平面位置"4 个换算条件，如图 7-58 所示。

基本换算

	序号	变量	名称	单位	类型	换算式
✓	1	T	厚度		砌体结构	=T
✓	2	SJCL	砂浆材料		砌体结构	=SJCL
✓	3	CLMC	砌体材料		砌体结构	=CLMC
✓	4	PMWZ	平面位置		砌体结构	=PMWZ

图 7-58　砌体结构墙体的默认换算条件

此时，在默认换算条件的设置下，对砌体墙进行汇总计算，在"砂浆材料""砌体材料""平面位置"条件相同的情况下，汇总结果以墙体厚度划分为三个不同的体积工程量，如图 7-59 所示。

序号	构件名称	输出名称	工程量名称	工程量计算式	工程量	计量单位	换算表达式
1	砌体墙	砌体墙	内墙钢丝网面积	GSM+GSMZ	843.8227	m2	
2	砌体墙	砌体墙	砌体墙体积	IIF(JGLX='幕墙' OR JGLX='虚墙',0,VM+VZ)	0.6765	m3	厚度:0.05m;砂浆材料:M5水泥石灰砂浆;砌体材料:混凝土;平面位置:内墙;
3	砌体墙	砌体墙	砌体墙体积	IIF(JGLX='幕墙' OR JGLX='虚墙',0,VM+VZ)	16.2061	m3	厚度:0.1m;砂浆材料:M5水泥石灰砂浆;砌体材料:混凝土;平面位置:内墙;
4	砌体墙	砌体墙	砌体墙体积	IIF(JGLX='幕墙' OR JGLX='虚墙',0,VM+VZ)	2.9205	m3	厚度:0.22m;砂浆材料:M5水泥石灰砂浆;砌体材料:混凝土;平面位置:内墙;
5	砌体墙	砌体墙	砌体墙体积	IIF(JGLX='幕墙' OR JGLX='虚墙',0,VM+VZ)	317.5658	m3	厚度:0.2m;砂浆材料:M5水泥石灰砂浆;砌体材料:混凝土;平面位置:内墙;
6	砌体墙	砌体墙	砌体墙体积	IIF(JGLX='幕墙' OR JGLX='虚墙',0,VM+VZ)	3.96	m3	厚度:0.3m;砂浆材料:M5水泥石灰砂浆;砌体材料:混凝土;平面位置:内墙;

图 7-59　砌体墙汇总结果

所以，需要在算量选项中，对工程量输出的换算条件进行相应的调整，以满足砌体墙体积工程量的查询条件。

调整换算信息的操作如下：

【第一步】在"斯维尔算量"选项卡中，展开"工程设置"的下拉菜单，单击"算量选项"功能，如图 7-60 所示。

图 7-60　算量选项功能

【第二步】在弹出的"计算规则"对话框中，依次展开"工程量输出"选项卡下的构件列表，找到"墙"的"砌体结构"子项，如图 7-61 所示。

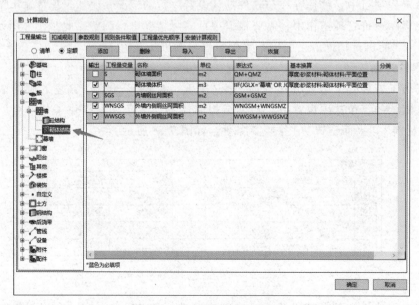

图 7-61　"工程量输出"选项卡

【第三步】单击"砌体墙体积"对应的"基本换算"设置按钮，调出"表达式与换算"

对话框，如图7-62所示。

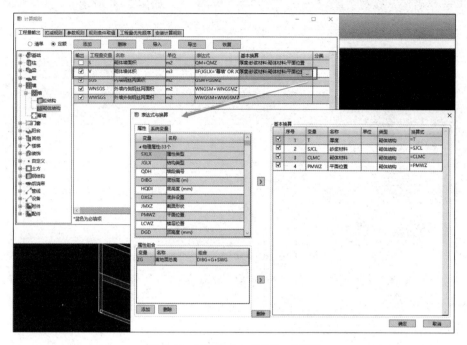

图7-62　"表达式与换算"对话框

【第四步】在"表达式与换算"对话框的"属性"选项卡的列表中找到"顶高度"，单击"添加"按钮，并在弹出的"换算式"窗口的文本框中输入">1500"的换算条件信息，如图7-63所示。

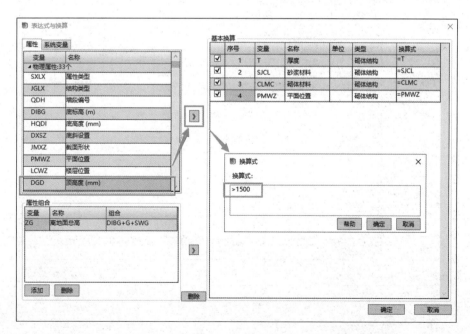

图7-63　换算式条件

【第五步】在"基本换算"列表中，勾选新添加的"顶高度"条件，同时取消"厚度"条件，单击"确定"按钮关闭"表达式与换算"对话框，如图 7-64 所示。

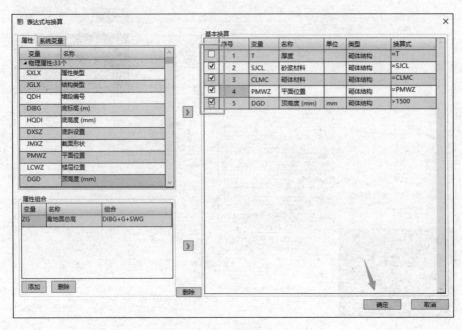

图 7-64　设置基本换算内容

【第六步】切换到"工程量输出"选项卡，单击"确定"按钮完成操作，如图 7-65 所示。

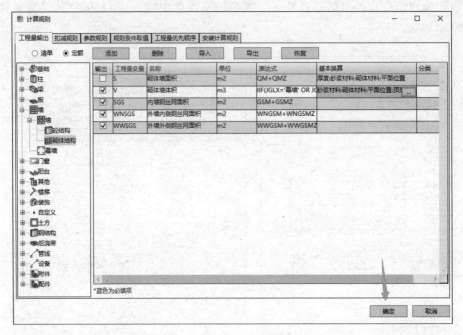

图 7-65　完成工程量输出设置

完成工程量输出条件调整操作后，再次对砌体墙进行汇总计算，如图 7-66 所示。

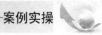

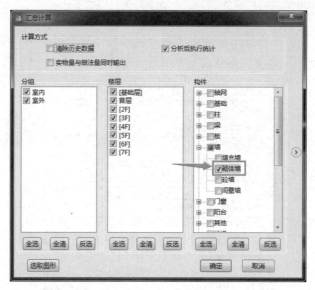

图7-66　汇总计算砌体墙

此时，在汇总结果的列表中，已将砌体墙体积按小于1.5m、大于等于1.5m的条件，汇总出相应的工程量，如图7-67所示。

序号	构件名称	输出名称	工程量名称	工程量计算式	工程量	计量单位	换算表达式
1	砌体墙	砌体墙	内容别法列图形	GSM+GSMZ	438.1895	m2	
2	砌体墙	砌体墙	砌体墙体积	IIF(JGLX='幕墙' OR JGLX='透墙',0,VM+VZ)	58.872	m3	砂浆材料:M5水泥石灰砂浆;砌体材料:混凝土;平面位置:内墙;顶高度(mm):<1500mm;
3	砌体墙	砌体墙	砌体墙体积	IIF(JGLX='幕墙' OR JGLX='透墙',0,VM+VZ)	284.0935	m3	砂浆材料:M5水泥石灰砂浆;砌体材料:混凝土;平面位置:内墙;顶高度(mm):>=1500mm;

图7-67　调整后的汇总结果

获取了施工管理所需要的工程量数据后，可将工程量输出还原为默认设置，使工程量输出条件与后期清单计价阶段的定额内容相符。在"工程量输出"选项卡中，单击"恢复"按钮，并确定恢复，即可还原工程量输出条件，如图7-68所示。

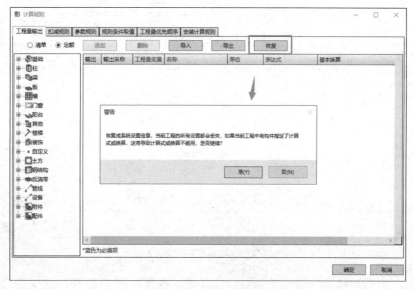

图7-68　还原工程量输出

2. 扣减规则

在本案例工程中，需要将柱子混凝土体积扣除与板体相交部分的体积。

先使用"核对构件"命令查询任意一根柱子的体积工程量计算公式，如图 7-69 所示。

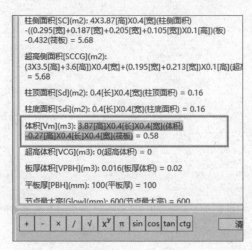

图 7-69 核对柱子的体积工程量计算公式

从核对的结果可以看出，当前"扣减规则"不满足要求。

接下来，可对"柱"的"扣减规则"进行调整，操作如下：

【第一步】单击"算量选项"功能，在"计算规则"对话框中，单击"扣减规则"选项卡，并展开构件列表，选中"柱"的"砼结构"子项，如图 7-70 所示。

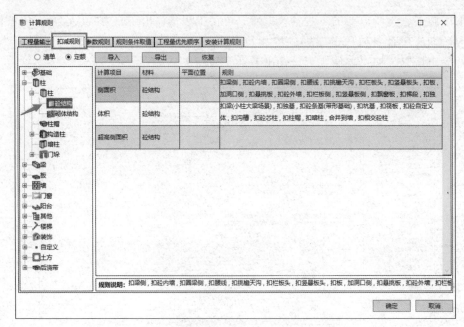

图 7-70 "扣减规则"选项卡

【第二步】单击"体积"对应的规则设置按钮，在弹出的"选择扣减项目"对话框中，勾选"扣板厚体积"，并单击"确定"按钮，如图 7-71 所示。

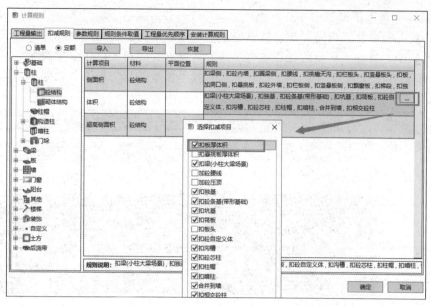

图 7-71　勾选"扣板厚体积"

【第三步】切换到"扣减规则"选项卡，单击"确定"按钮，完成调整"扣减规则"的操作。

完成柱子"扣减规则"的调整后，再次使用"核对构件"功能查询柱子的体积工程量计算公式。此时，我们可以看到，在公式中加入了扣减"板厚体积"的数据，如图 7-72 所示。

体积[Vm](m3): 3.87[高]X0.4[长]X0.4[宽](体积)
-0.1[高]X0.4[长]X0.4[宽](板厚体积)-0.27[高]X0.4[长]X0.4[宽](筏板)
= 0.56

图 7-72　再次核对柱子的体积工程量计算公式

无论是"工程量输出"或是"扣减规则"调整后，需要将 BIM 设计模型重新进行汇总计算，并勾选"清除历史数据"复选框，才能按照调整内容更新汇总数据，如图 7-73 所示。

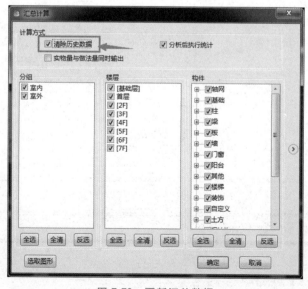

图 7-73　更新汇总数据

3. 安装工程量出量设置

通过安装工程量计算规则可知，管道连接件、管道弯头及管道三通等管件的工程量并入到管道工程量中，管件工程量的计算也有不同的调整方式，相关操作步骤如下：

【第一步】在"工程设置"下拉菜单中，单击"算量选项"命令，如图 7-74 所示。

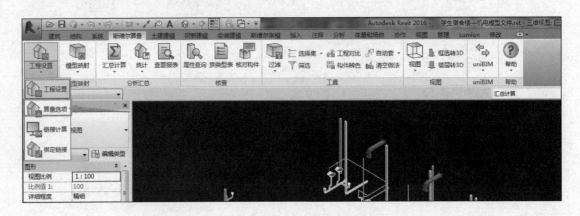

图 7-74　工程设置

【第二步】单击"算量选项"命令后，在弹窗中选择"安装计算规则"选项卡，如图 7-75 所示。

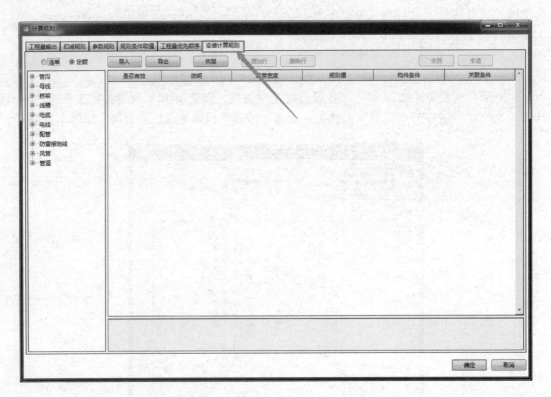

图 7-75　"安装计算规则"选项卡

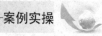

【第三步】单击"定额"树形列表中的"管道",选择"管道弯头",窗口右侧则显示"管道弯头"的相关计算条件,管道弯头的默认计算规则是"按照交线计算",如需对"规则值"进行修改,则单击"规则值"的下拉列表进行选择即可,如图 7-76 所示。

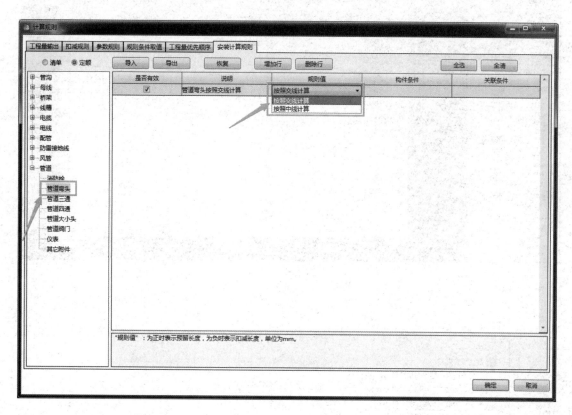

图 7-76 计算规则调整

■ 7.4 数据交互

完成 BIM 设计模型的工程量计算后,可以对工程量汇总的数据加以利用,达到工程造价 BIM 应用数据交互的目的。数据以表格文件或模型文件形式进行保存,以下结合计价软件进行其具体操作过程的介绍。

1. 钢筋汇总表形式

在实际工程中,钢筋的汇总方式是多样化的。在软件中可以通过"查看表报"获取更详细的钢筋汇总信息,如钢筋汇总表、钢筋接头汇总表等内容。这些报表信息可以在清单计价中加以利用,如图 7-77 所示。

2. bc-jgk 文件形式

通过 BIM for Revit 算量软件打开 BIM 设计模型文件,并进行汇总计算后,在 BIM 设计模型文件的保存路径中,会自动生成一个与 BIM 设计模型相同文件名的"bc-jgk"算量文件,如图 7-78 所示。

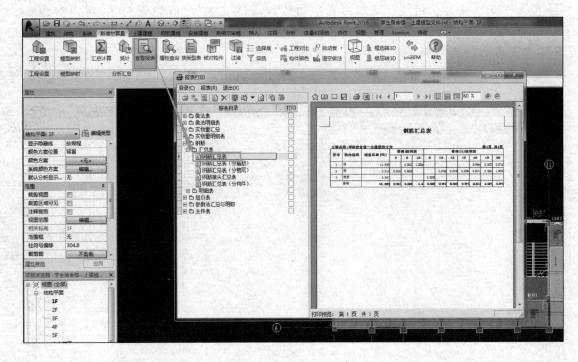

图 7-77 钢筋汇总表

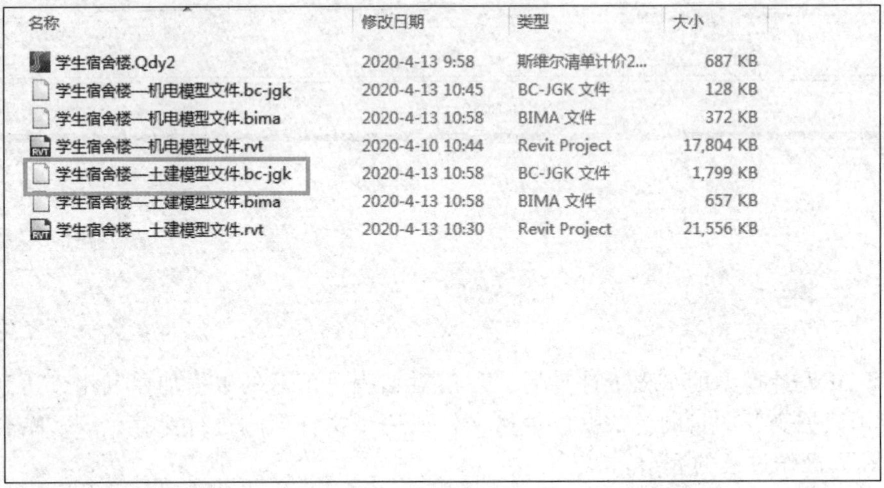

名称	修改日期	类型	大小
学生宿舍楼.Qdy2	2020-4-13 9:58	斯维尔清单计价2...	687 KB
学生宿舍楼—机电模型文件.bc-jgk	2020-4-13 10:45	BC-JGK 文件	128 KB
学生宿舍楼—机电模型文件.bima	2020-4-13 10:58	BIMA 文件	372 KB
学生宿舍楼—机电模型文件.rvt	2020-4-10 10:44	Revit Project	17,804 KB
学生宿舍楼—土建模型文件.bc-jgk	2020-4-13 10:58	BC-JGK 文件	1,799 KB
学生宿舍楼—土建模型文件.bima	2020-4-13 10:58	BIMA 文件	657 KB
学生宿舍楼—土建模型文件.rvt	2020-4-13 10:30	Revit Project	21,556 KB

图 7-78 bc-jgk 文件

"bc-jgk"算量文件记录了案例工程的 BIM 设计模型最近一次汇总计算的工程量数据，可以将"bc-jgk"算量文件导入斯维尔清单计价软件，进行工程计价的工作。

3. SFC 文件形式

SFC 文件为轻量化的模型文件，主要用于 BIM5D 施工管理阶段。导出 SFC 文件前，必须对 BIM 设计模型进行完整的汇总计算。

导出 SFC 文件的操作如下：

【第一步】汇总计算完成后，展开"uniBIM"下拉菜单，选择"导出平台接口"命令，如图 7-79 所示。

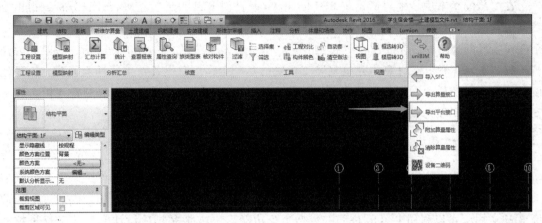

图 7-79 导出平台接口

【第二步】在"选择导出的链接文档"对话框中，勾选模型文件，并勾选"BIM5D 模型"复选框，然后单击"确定"按钮，如图 7-80 所示。

【第三步】设置导出文件的保存路径即可。

注意：导出的 SFC 文件名中附带"uniBIMForRevit 导出"字样，一般不做修改，与自动生成的普通 SFC 文件相比，数据更为完整，是应用于 BIM5D 的专属 SFC 文件，如图 7-81 所示。

图 7-80 选择导出的链接文档

图 7-81 导出的 SFC 文件

■ 7.5 清单计价

在之前的章节中，通过斯维尔 BIM for Revit 软件对 BIM 设计模型进行计算分析，得出了案例工程的工程量数据。可以直接利用该数据，结合清单计价软件完成清单计价。在计算一个建设项目的造价时，基于组合计价的思想，首先计算其组成的单位工程造价，一般分为建筑工程和安装工程。在计算出建筑安装工程费的基础上，汇总设备及工器具购置费、工程建设费、预备费及税金，即可得出建设项目总造价。采用计价软件操作时，先新建建筑工程和安装工程项目，以完成建筑安装工程费的计算。

7.5.1 新建建筑工程项目

在以往传统造价模式中，编制工程量清单计价，需要新建一个单位工程，然后需要根据工程量的内容逐一列项，再进行组价，过程烦琐且容易出现漏项等问题。如今，通过工程造价 BIM 应用，可以利用 BIM 软件间的数据交互功能，快速地将 BIM 设计模型的工程量数据直接转换为工程量清单项，避免了烦琐的工作内容，同时确保了列项的一致性，大大提高了造价管理的工作效率。

1. 导入算量文件

通过导入算量文件新建工程的操作如下：

【第一步】启动清单计价软件，在"新建向导"对话框中，单击"导入算量文件"命令，如图 7-82 所示。

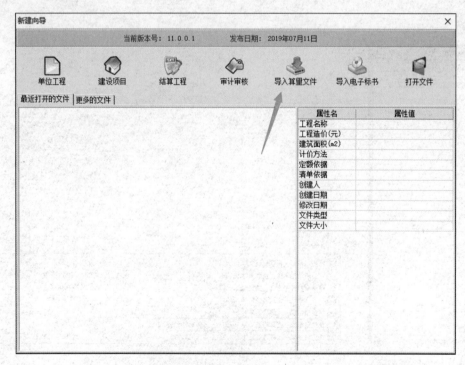

图 7-82 "新建向导"对话框

【第二步】在"导入三维算量/安装算量文件"对话框中，应先在"算量工程"栏中录入工程文件，单击"算量工程"文本框的选择按钮，如图7-83所示。

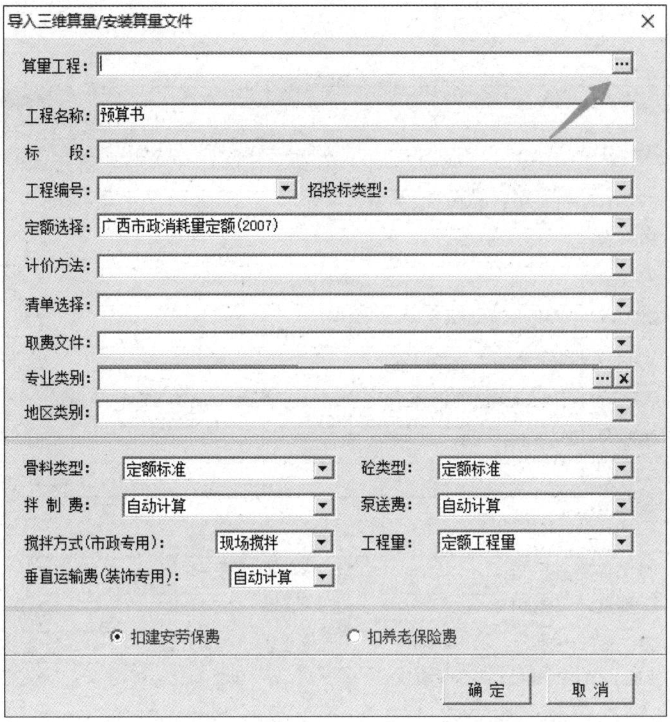

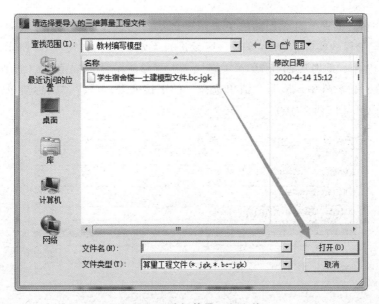

图7-83　"导入三维算量/安装算量文件"对话框

【第三步】在系统弹出的"请选择要导入的三维算量工程文件"对话框中，选择后缀名为"bc-jgk"的算量工程文件，并单击"打开"按钮，如图7-84所示。

图7-84　选择算量工程文件

【第四步】选择算量工程文件后,在"导入三维算量/安装算量文件"对话框中的"工程名称""定额选择""计价方法""清单选择""取费文件""地区类别""工资调整"会自动匹配上相应的工程信息,将"工程名称"修改为"学生宿舍楼—土建造价文件",如图 7-85 所示。

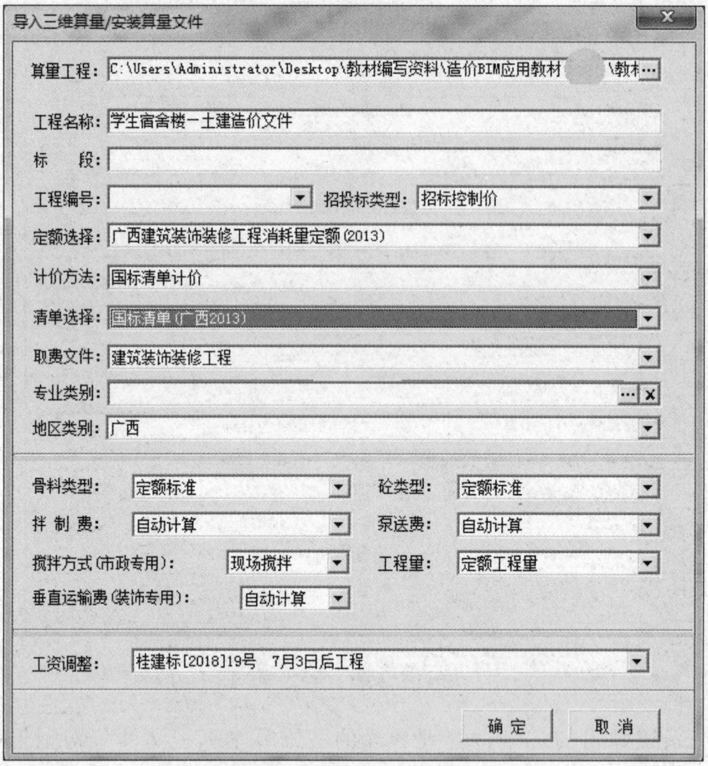

图 7-85　自动匹配工程信息

【第五步】确认工程信息无误即可单击"确定"按钮,完成导入算量文件的操作。当自动匹配的信息与工程的实际信息不符时,可以进行手动调整,如图 7-86 所示。本案例工程建设时间为 2019 年,此时广西在 2016 年修订了工程量清单计价规范实施细则,因此,应执行最新标准。在计价软件中,展开"清单选择"的下拉列表,可将"国标清单(广西 2013)"调整为"国标清单(广西 2016)"。

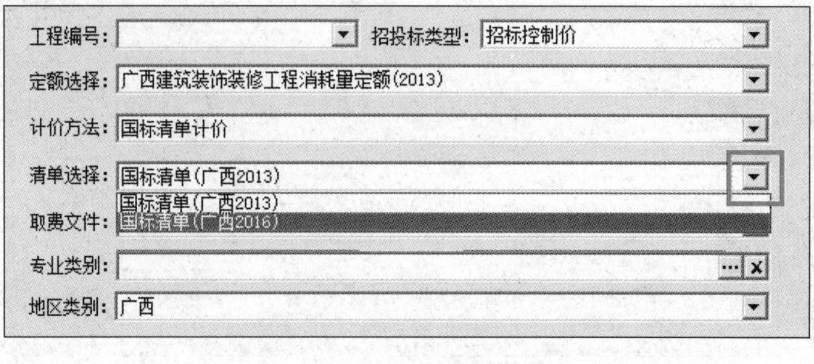

图 7-86　调整"清单选择"

2. 生成造价文件

完成"导入三维算量/安装算量文件"对话框信息的调整后，单击"确定"按钮，在弹出的"另存为"对话框中，设置需要保存的路径（推荐与BIM设计模型文件保存在同一路径，方便后期查找），以"Qdy2"的类型保存，如图7-87所示。

图7-87 保存文件类型

完成保存后，生成后缀名为"Qdy2"的造价文件，如图7-88所示。该文件可共享于清单计价的数据传输以及BIM5D的成本管理。

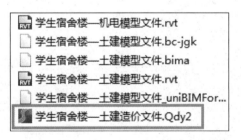

图7-88 Qdy2造价文件

3. 构件挂接做法

保存工程后，系统弹出"构件挂接做法"对话框，如图7-89所示。因在工程量计算时，土建部分与安装部分一起输出工程量，所以在"构件挂接做法"界面会显示安装工程量。

在导入算量文件时，所选择的定额为"广西建筑装饰装修工程量消耗定额（2013）"，所以在当前工程中只需挂接土建部分构件的清单及定额。双击"构件挂接做法"对话框列表中构件的项目名称，可展开并显示该构件下的工程量信息，同时右侧"清单库"中将显示相关的清单以及定额内容，如图7-90所示。

图 7-89 "构件挂接做法"对话框

图 7-90 展开构件工程量信息

本案例工程为框架结构,因此以代表性"板""梁""柱"以及砌体墙为对象,说明相关构件做法的挂接。

(1)"板"的挂接　在展开的"板"工程量信息下,有"板体积"和"板模板面积",

"板"的工程量信息共有两个项需要挂接，操作如下：

【第一步】双击"板体积"子目，如图7-91所示。

图7-91　双击"板体积"子目

【第二步】在窗口右侧提供的清单列表中，双击"［010505001］有梁板"清单子目，使之挂接至"板体积"子目下，如图7-92所示。

图7-92　挂接板体积清单

【第三步】在窗口右侧提供的定额列表中，双击"［A4-31］混凝土有梁板"定额子目，使之挂接至"［010505001］有梁板"的清单子目下，如图7-93所示。

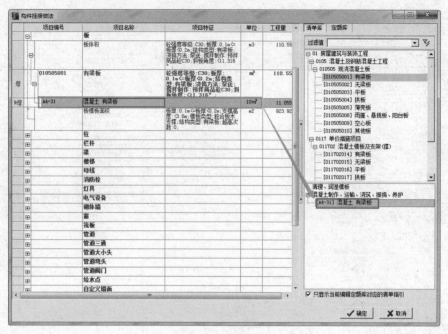

图7-93 挂接板体积定额

【第四步】双击在"项目特征"列中描述"板厚：0.1m≤板厚<0.2m"的"板模板面积"子目，在右侧清单库向下滚动进度条，在下方找到"单价措施项目"，并双击［011702014］有梁板"清单子目，使之挂接至"板模板面积"子目下，如图7-94所示。

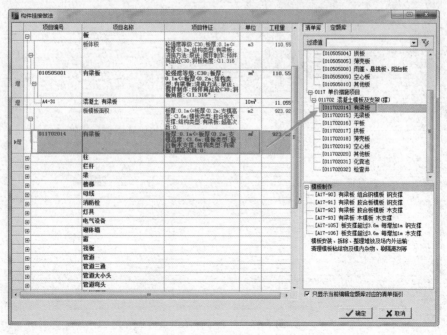

图7-94 挂接板模板面积清单

【第五步】在窗口左侧提供的定额列表中，双击"［A17-92］有梁板 胶合板模板 木支撑"定额子目，使之挂接至"［011702014］有梁板"清单子目下，如图7-95所示。

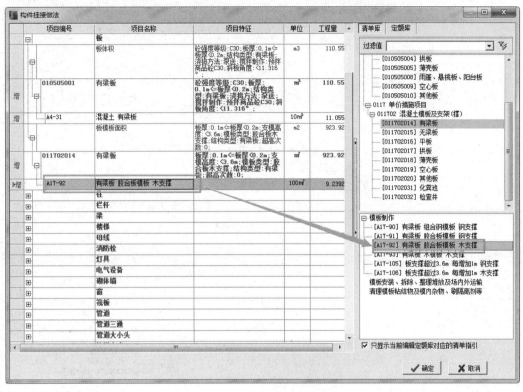

图7-95　完成"板模板面积"做法挂接

（2）"梁"的挂接　梁做法的挂接按项目实际做法选择，操作过程与"板"的挂接类似。本案例工程做法采用常规做法，因此，"单梁抹灰面积"清单、定额的选择可以参考图7-96所示；"梁体积"清单、定额的选择可以参考图7-97；"梁模板面积"清单、定额的选择可以参考图7-98所示。

		单梁抹灰面积
	011202001	柱、梁面一般抹灰
	A10-15	独立砖柱 混合砂浆 矩形 (15+5)mm

图7-96　"单梁抹灰面积"清单、定额的选择

图7-97　"梁体积"清单、定额的选择

图 7-98 "梁模板面积"清单、定额的选择

（3）"柱"的挂接 柱做法的挂接按项目实际做法选择，操作过程与"板"的挂接类似。本案例工程做法采用常规做法，因此，各项清单、定额的选择可以参考图 7-99 所示。

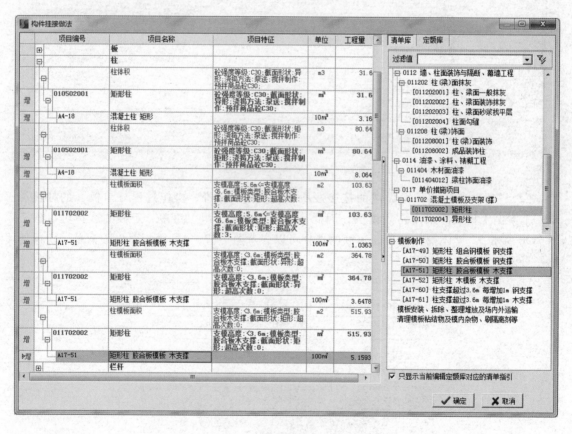

图 7-99 "柱"构件挂接做法

（4）砌体墙的挂接 当双击"墙"的工程量信息，清单库内容为空，需按下列操作添加相关信息：

【第一步】在"过滤值"文本框中输入工程量信息的关键字，如"钢丝网"，然后单击

"过滤"  按钮，即可显示出相关清单内容，如图 7-100 所示。

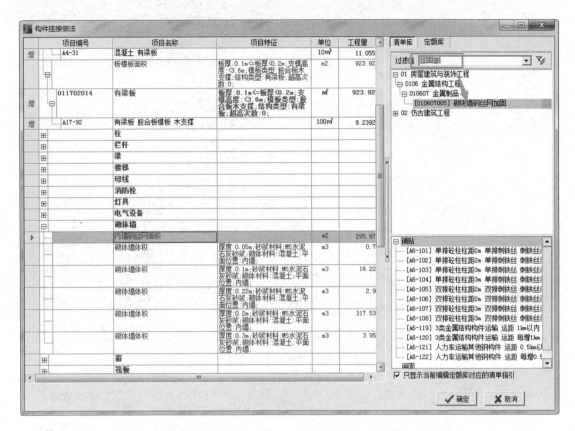

图 7-100 过滤钢丝网

【第二步】在过滤出的内容中为"内墙钢丝网面积"挂接匹配的清单和定额子目，如图 7-101 所示。

			砌体墙	
			内墙钢丝网面积	
增		010607005	砌块墙钢丝网加固	
增		A6-105	双排砼柱柱距2m 双排刺铁丝 刺铁丝间距 20cm以下	

图 7-101 "内墙钢丝网面积"挂接匹配的清单和定额子目

【第三步】双击"砌体墙体积"工程量信息，在"过滤值"文本框中输入"实心砖墙"，过滤出清单内容，如图 7-102 所示。

【第四步】根据不同的墙厚描述，分别挂接定额。完成"墙"的做法挂接，如图 7-103 所示。

本工程主要以"柱""梁""墙""板"做法挂接操作为例，完成上述操作后，即可在"构件挂接做法"对话框右下角单击"确定"按钮，如图 7-104 所示。其余构件挂接清单、定额方法可参照上述相关操作。

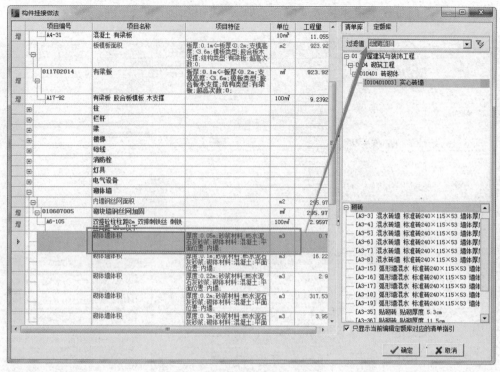

图 7-102 过滤"实心砖墙"

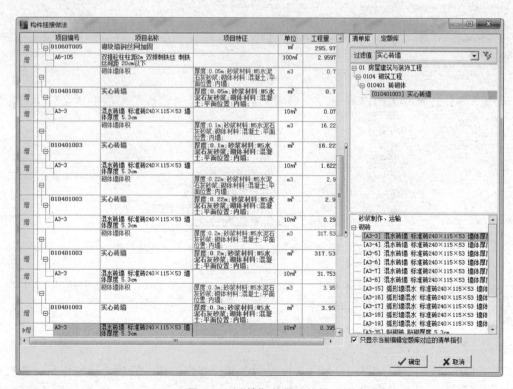

图 7-103 "墙"的做法挂接

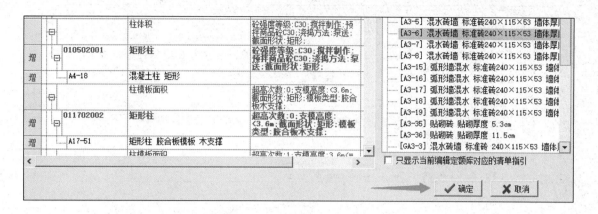

图7-104 完成构件挂接做法

4. 清单计价内容的编制

完成构件挂接做法后，切换至"分部分项"界面。在"分部分项"界面中。已根据之前的挂接内容，列出了相应的清单、定额子目，如图7-105所示。

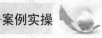

图7-105 "分部分项"界面

接下来，开始进行清单计价内容的编制，主要工作有调整单价措施子目、定额换算、调整专业工程取费、增加补充定额等。

（1）调整单价措施子目

单击"计算"命令，汇总工程造价时，系统弹出"提示"对话框，如图7-106所示。

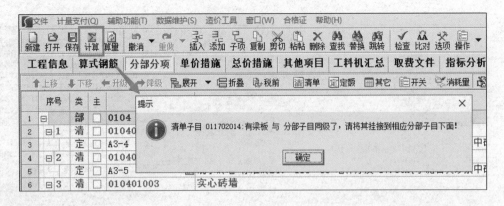

图 7-106　单击"计算"功能

提示内容为："清单子目 011702014：有梁板与分部工程子目同级了，请将其挂接到相应分部子目下面！"，这说明清单子目与分部工程子目为平行关系，需做"降级"处理。

此时，调整单价措施子目的操作如下：

【第一步】切换至"单价措施"界面，如图 7-107 所示。

图 7-107　单价措施界面

【第二步】将光标停留在行号"14"数字上，按住左键不放，向下滑动光标至行号"33"，松开左键，进行范围选定，如图 7-108 所示。

【第三步】在范围选定的状态下，连续单击"上移"按钮，直到选定内容上移至"011702 混凝土模板及支架（撑）"分部下方，如图 7-109 所示。

【第四步】单击"降级"按钮，如图 7-110 所示。

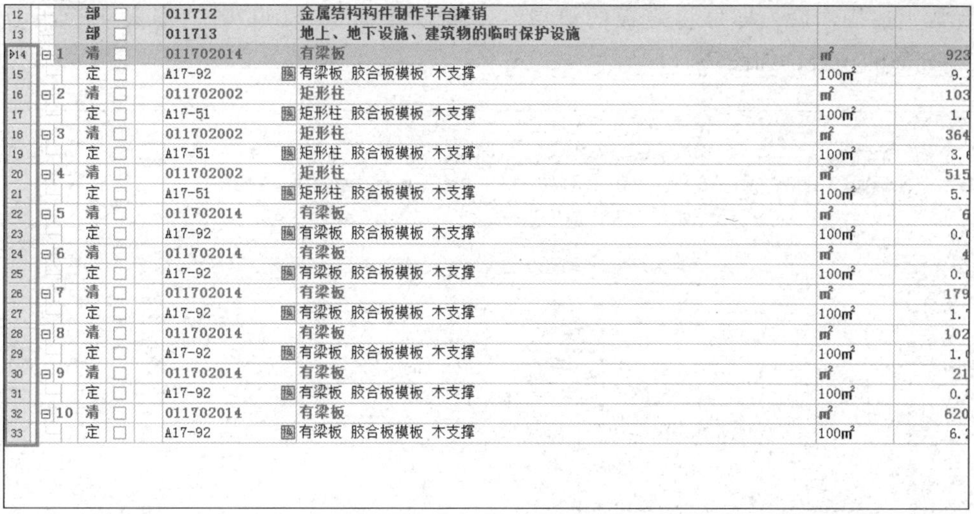

12		部	☐	011712	金属结构构件制作平台摊销		
13		部	☐	011713	地上、地下设施、建筑物的临时保护设施		
▶14	⊟1	清	☐	011702014	有梁板	m²	923
15		定	☐	A17-92	有梁板 胶合板模板 木支撑	100m²	9.2
16	⊟2	清	☐	011702002	矩形柱	m²	103
17		定	☐	A17-51	矩形柱 胶合板模板 木支撑	100m²	1.0
18	⊟3	清	☐	011702002	矩形柱	m²	364
19		定	☐	A17-51	矩形柱 胶合板模板 木支撑	100m²	3.6
20	⊟4	清	☐	011702002	矩形柱	m²	515
21		定	☐	A17-51	矩形柱 胶合板模板 木支撑	100m²	5.1
22	⊟5	清	☐	011702014	有梁板	m²	6
23		定	☐	A17-92	有梁板 胶合板模板 木支撑	100m²	0.0
24	⊟6	清	☐	011702014	有梁板	m²	4
25		定	☐	A17-92	有梁板 胶合板模板 木支撑	100m²	0.0
26	⊟7	清	☐	011702014	有梁板	m²	179
27		定	☐	A17-92	有梁板 胶合板模板 木支撑	100m²	1.7
28	⊟8	清	☐	011702014	有梁板	m²	102
29		定	☐	A17-92	有梁板 胶合板模板 木支撑	100m²	1.0
30	⊟9	清	☐	011702014	有梁板	m²	21
31		定	☐	A17-92	有梁板 胶合板模板 木支撑	100m²	0.2
32	⊟10	清	☐	011702014	有梁板	m²	620
33		定	☐	A17-92	有梁板 胶合板模板 木支撑	100m²	6.2

图 7-108　范围选定

序号	类	主	代	项目编号	项目名称	单位	工程量	附注说明
1	⊟	部	☐		单价措施(建筑装饰装修工程(营改增)一般计税法)			
2		部	☐	011701	脚手架工程			
3		部	☐	011702	混凝土模板及支架(撑)			
4	⊟1	清	☐	011702014	有梁板	m²	923.92	
5		定	☐	A17-92	有梁板 胶合板模板 木支撑	100m²	9.2392	
6	⊟2	清	☐	011702002	矩形柱	m²	103.63	
7		定	☐	A17-51	矩形柱 胶合板模板 木支撑	100m²	1.0363	
8	⊟3	清	☐	011702002	矩形柱	m²	364.78	
9		定	☐	A17-51	矩形柱 胶合板模板 木支撑	100m²	3.6478	
10	⊟4	清	☐	011702002	矩形柱	m²	515.93	
11		定	☐	A17-51	矩形柱 胶合板模板 木支撑	100m²	5.1593	
12	⊟5	清	☐	011702014	有梁板	m²	6.27	
13		定	☐	A17-92	有梁板 胶合板模板 木支撑	100m²	0.0627	
14	⊟6	清	☐	011702014	有梁板	m²	4.80	
15		定	☐	A17-92	有梁板 胶合板模板 木支撑	100m²	0.0480	
16	⊟7	清	☐	011702014	有梁板	m²	179.58	
17		定	☐	A17-92	有梁板 胶合板模板 木支撑	100m²	1.7958	
18	⊟8	清	☐	011702014	有梁板	m²	102.14	
19		定	☐	A17-92	有梁板 胶合板模板 木支撑	100m²	1.0214	
20	⊟9	清	☐	011702014	有梁板	m²	21.03	
21		定	☐	A17-92	有梁板 胶合板模板 木支撑	100m²	0.2103	
22	⊟10	清	☐	011702014	有梁板	m²	620.87	
23		定	☐	A17-92	有梁板 胶合板模板 木支撑	100m²	6.2087	
24		部	☐	011703	垂直运输			
25		部	☐	011704	超高施工增加			
26		部	☐	011705	大型机械设备进出场及安拆			
27		部	☐	011706	施工排水、降水			
28		部	☐	011708	混凝土运输及泵送			
29		部	☐	011709	二次搬运			

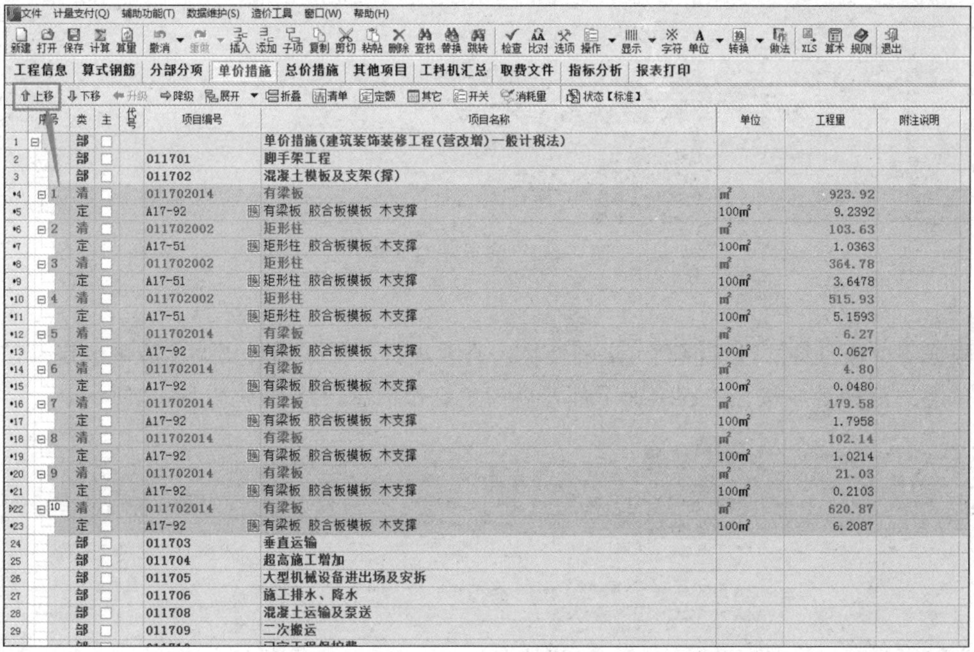

图 7-109　上移至"011702 混凝土模板及支架（撑）"分部下方

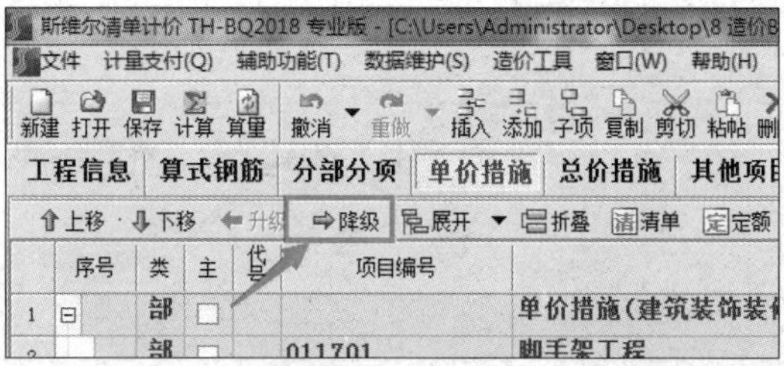

图 7-110　降级

完成上述操作后，即可将模板的清单、定额挂接为"［011702］混凝土模板及支架（撑）"分部的子目，如图7-111所示。

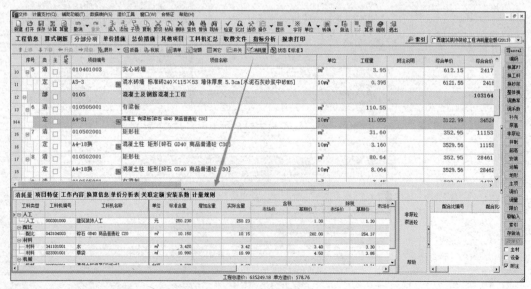

图 7-111　完成子目挂接

（2）定额换算

根据清单项目特征进行混凝土定额换算。查看项目特征，则需要调出清单、定额信息窗口。单击"消耗量"按钮，在界面下部开启清单定额信息窗口，如图7-112所示。

图 7-112　清单定额信息窗口

在清单定额信息窗口中切换至"项目特征"页面，单击清单子目时，"项目特征列"列表中即可显示该条清单的特征描述，如图 7-113 所示。

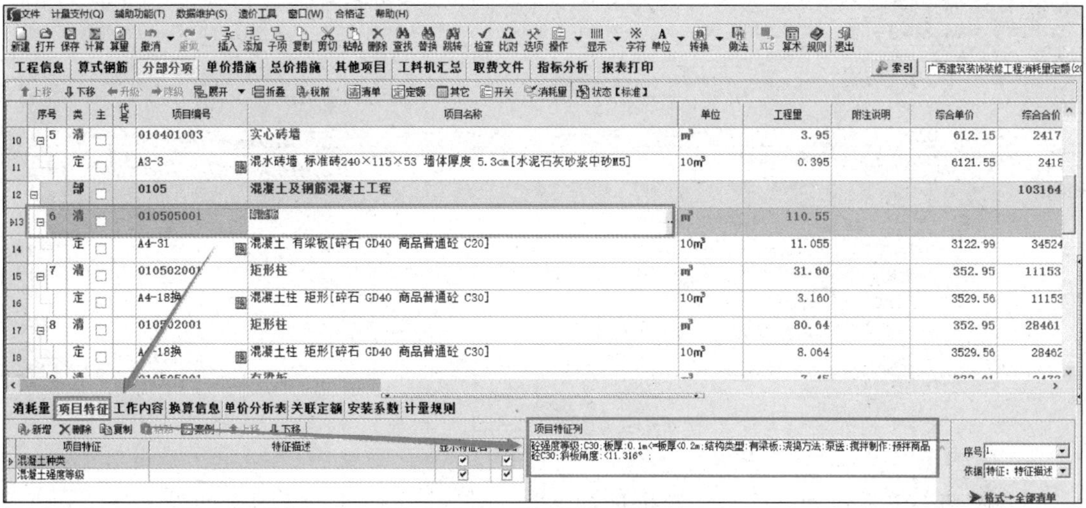

图 7-113　项目特征描述

该条项目特征描述显示混凝土的强度等级均为 C30，而所有标准定额中的混凝土强度等级均为 C20，如图 7-114 所示。

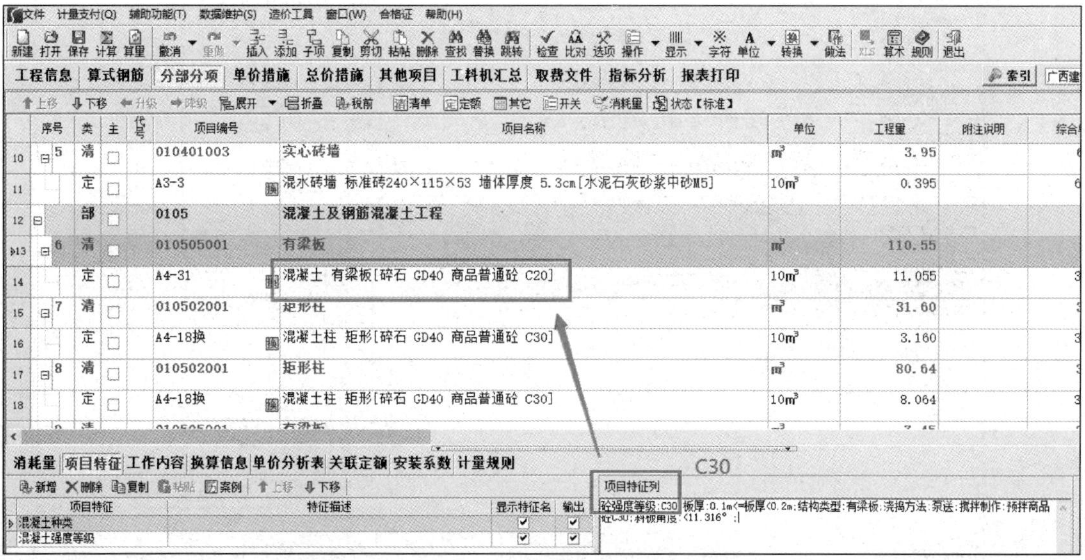

图 7-114　混凝土强度等级对比

根据工程特征信息，需要进行混凝土的强度等级换算，操作如下：

【第一步】选择"［0105］混凝土及钢筋混凝土工程"分部子目，单击窗口右侧功能栏

"换工料"按钮,如图 7-115 所示。

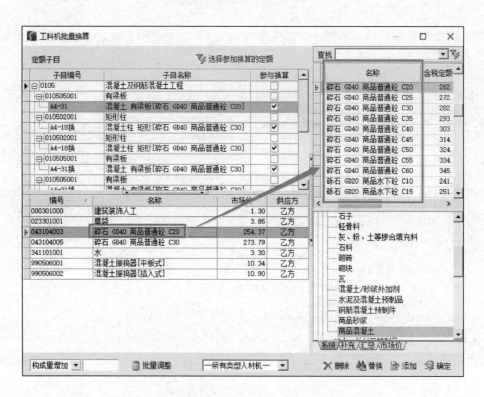

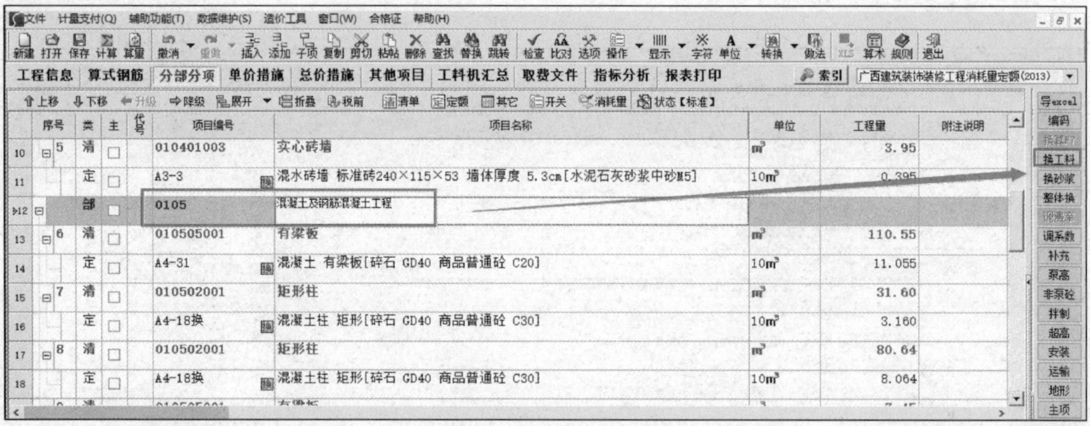

图 7-115 单击"换工料"界面

【第二步】在系统弹出的"工料机批量换算"对话框下方定额工料机列表中,双击"碎石 GD40 商品普通砼 C20"子目,如图 7-116 所示。

图 7-116 双击"碎石 GD40 商品普通砼 C20"界面

【第三步】在右侧材料列表中,双击"碎石 GD40 商品普通砼 C30"界面,如图 7-117 所示。

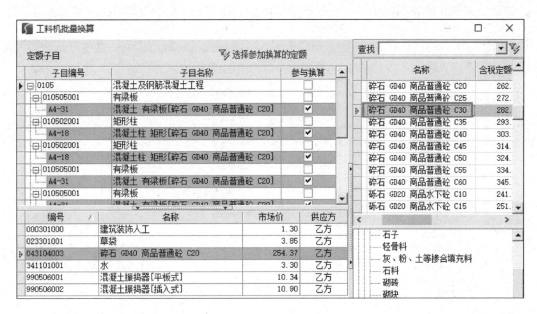

图 7-117 双击"碎石 GD40 商品普通砼 C30"界面

【第四步】完成工料替换后,即可单击"确定"按钮,如图 7-118 所示。

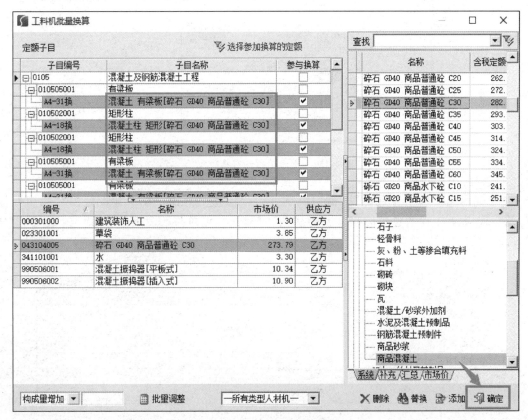

图 7-118 单击"确定"界面

按以上步骤，替换其他子目，经过换算后的混凝土定额子目，如图 7-119 所示。

▶12	⊟		部	□	0105		混凝土及钢筋混凝土工程		m^3
13	⊟	6	清	□	010505001		有梁板		m^3
14			定	□	A4-31换	圖	混凝土 有梁板[碎石 GD40 商品普通砼 C30]		$10m^3$
15	⊟	7	清	□	010502001		矩形柱		m^3
16			定	□	A4-18换	圖	混凝土柱 矩形[碎石 GD40 商品普通砼 C30]		$10m^3$
17	⊟	8	清	□	010502001		矩形柱		m^3
18			定	□	A4-18换	圖	混凝土柱 矩形[碎石 GD40 商品普通砼 C30]		$10m^3$
19	⊟	9	清	□	010505001		有梁板		m^3
20			定	□	A4-31换	圖	混凝土 有梁板[碎石 GD40 商品普通砼 C30]		$10m^3$
21	⊟	10	清	□	010505001		有梁板		m^3
22			定	□	A4-31换	圖	混凝土 有梁板[碎石 GD40 商品普通砼 C30]		$10m^3$
23	⊟	11	清	□	010505001		有梁板		m^3
24			定	□	A4-31换	圖	混凝土 有梁板[碎石 GD40 商品普通砼 C30]		$10m^3$
25	⊟	12	清	□	010505001		有梁板		m^3
26			定	□	A4-31换	圖	混凝土 有梁板[碎石 GD40 商品普通砼 C30]		$10m^3$
27	⊟	13	清	□	010505001		有梁板		m^3
28			定	□	A4-31换	圖	混凝土 有梁板[碎石 GD40 商品普通砼 C30]		$10m^3$
29	⊟	14	清	□	010505001		有梁板		m^3
30			定	□	A4-31换	圖	混凝土 有梁板[碎石 GD40 商品普通砼 C30]		$10m^3$

图 7-119　换算后的混凝土定额

5. 计算汇总

完成上述操作后，单击"计算"按钮。计算结果分为"工程总造价"和"每平方造价"。但是此时的数据均为工程总造价，如图 7-120 所示，其原因是未输入工程的建筑面积。

图 7-120　土建工程计算结果（1）

为了显示出"每平方造价"，需切换至"工程信息"界面，在"建设规模"的属性值中，输入本案例工程的建筑面积"1097.6"，"建设规模单位"选择为"m^2"，如图 7-121 所示。

属性名称		属性值
▷ ------ 基本信息 ------		
工程编号		
工程名称	学生宿舍楼—土建造价文件	
建设规模	1097.6	
建设规模单位	m^2	←
预算类别	预算	
招投标类型	招标控制价	

图 7-121　输入建筑面积

设置"建设规模"后，再次单击"计算"按钮，计算结果即可显示"每平方造价"的数据，如图 7-122 所示。

图 7-122　土建工程计算结果（2）

7.5.2　新建安装工程项目

1. 新建单位工程

上一节通过导入算量文件编制了土建计价文件，本节将通过新建单位工程来建立安装计价文件，相关操作如下：

【第一步】启动清单计价软件后，在"新建向导"对话框中，单击"单位工程"命令，如图 7-123 所示。

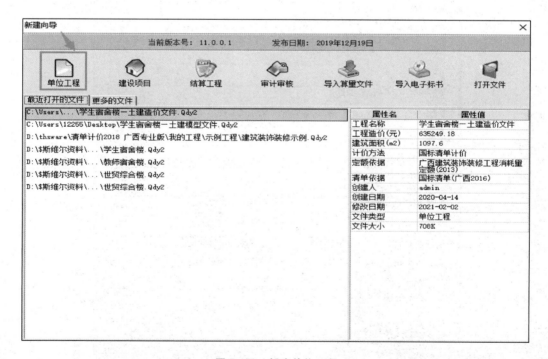

图 7-123　新建单位工程

【第二步】单击"单位工程"命令后，系统弹出"新建单位工程"功能栏，在"专业类别"下拉列表中选择"安装工程"，如图 7-124 所示。

【第三步】选择"工程类别"为"给排水工程",完成后单击"确定"按钮,如图 7-125 所示。

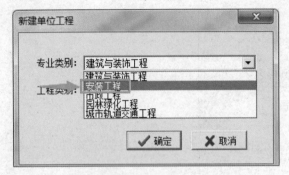

图 7-124 选择"专业类别"

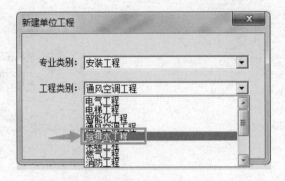

图 7-125 选择"工程类别"

2. 新建预算书

完成上述步骤后,系统切换到"新建预算书"对话框,如图 7-126 所示。

图 7-126 新建预算书

新建预算书的信息与实际情况不一致,应根据实际情况调整。相关调整步骤如下:

【第一步】在"新建预算书"对话框中，将"工程名称"修改为"学生宿舍楼—安装造价文件"，以便后续查找，如图 7-127 所示。

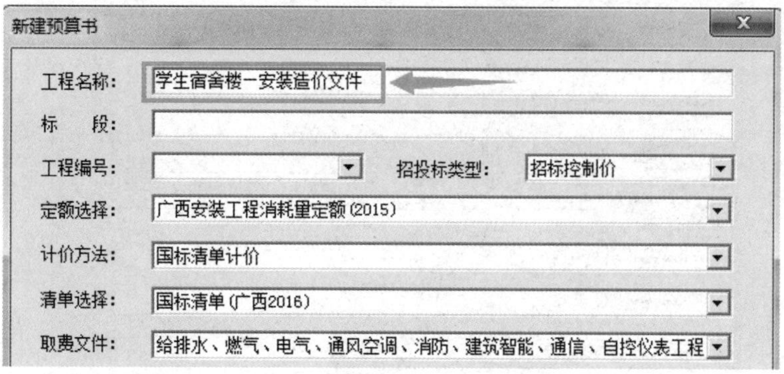

图 7-127　修改"工程名称"

【第二步】修改"工程名称"后，应选择相应的地区定额、清单及计价方法，本案例工程以广西地区定额、清单为例，在"定额选择"栏选择为"广西安装工程消耗量定额（2015）"，"计价方法"栏选择为"国标清单计价"，"清单选择"栏选择为"国标清单（广西 2016）"。完成以上选择，软件会自动匹配"取费文件"及"专业类别"的内容，如图 7-128 所示。

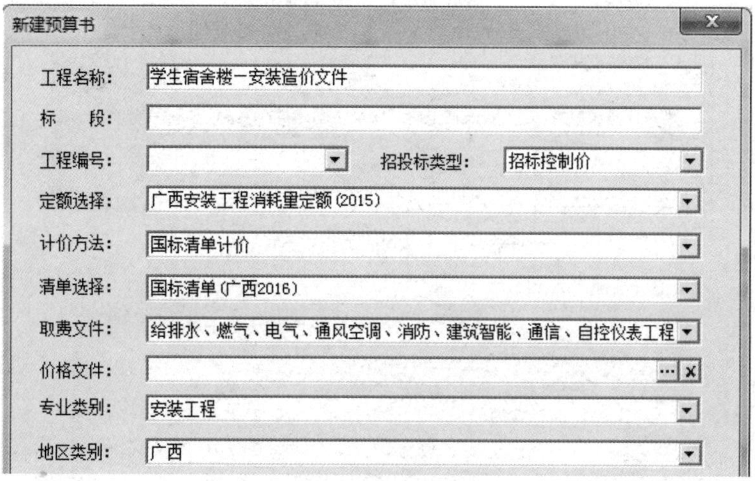

图 7-128　选择定额、清单

【第三步】因本案例工程建设时间为 2019 年，所以需要将"工资调整"栏修改为"桂建标〔2018〕19 号 7 月 3 日后工程"，其余设置项均按照默认设置即可，最后单击"确定"按钮，如图 7-129 所示。

【第四步】单击"确认"按钮后，系统会弹出"招投标类型"确认框，单击"是"按钮即可，如图 7-130 所示。完成操作后系统切换到"另存为"对话框，选择适当位置保存即可，如图 7-131 所示。

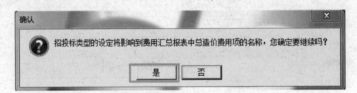

图 7-129　工资调整

图 7-130　招投标类型确认

图 7-131　保存文件

3. 分部分项清单、定额挂接

完成上述操作后，系统切换到"分部分项"界面，如图 7-132 所示。

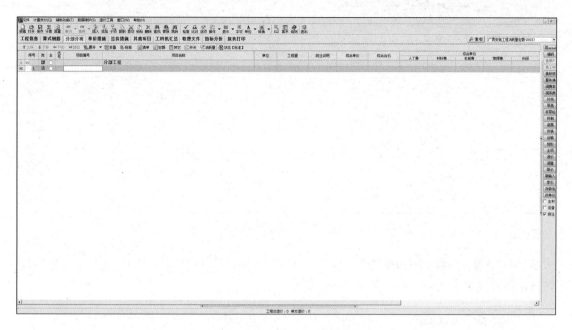

图 7-132　"分部分项"界面

在"分部分项"界面中，需根据规则手动套用相应的清单、定额子目，清单和定额的录入过程类似土建工程，相关操作步骤如下。

【第一步】单击"分部分项"界面右侧的隐藏栏，调出"清单库""定额库"，如图 7-133 和图 7-134 所示。

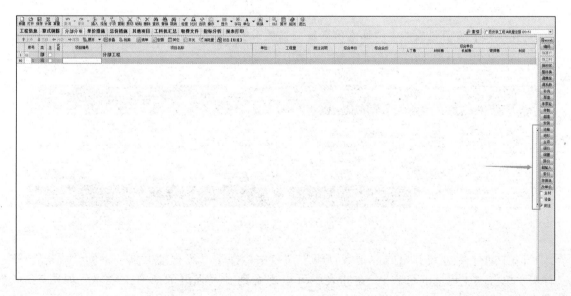

图 7-133　调出前界面

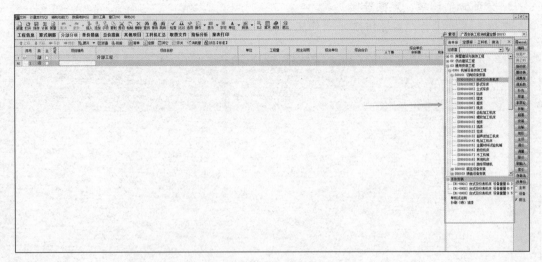

图 7-134　调出后界面

【第二步】在界面右侧的"清单库"中找到"［0304］电气设备安装工程"子目并双击将其添加到界面左侧操作栏，如图 7-135 所示。

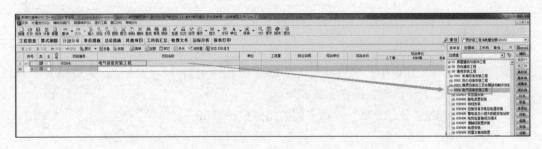

图 7-135　添加"分部"

【第三步】在算量软件中"斯维尔算量"选项卡中，单击"查看报表"按钮，如图 7-136 所示。

图 7-136　查看报表

【第四步】在系统弹出的"报表打印"窗口中，打开"实物量汇总"下的"强电"文件夹，单击"工程量汇总表"，在此表中可以查看到有关强电的所有工程量，如图 7-137 所示。

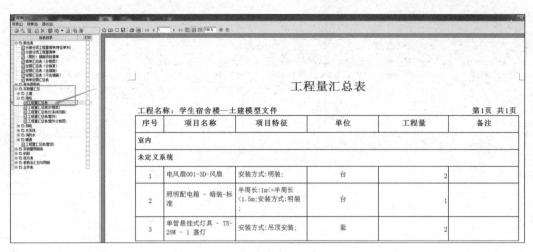

図 7-137　强电工程量汇总表

【第五步】根据打开报表中的相关子目来选择对应的清单及定额进行组价。例如，"工程量汇总表"中第一条工程量"电风扇001-3D-风扇"，可在窗口右侧"清单库"下"过滤值"文本框中输入"风扇"并单击后方的"过滤"按钮，然后双击下方过滤出来的"[030404033]风扇"，即可将其挂接到窗口左侧"电气设备安装工程"下方，如图7-138所示。

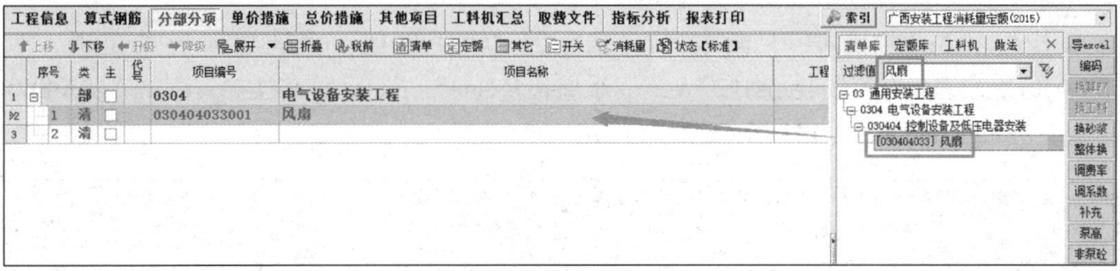

図 7-138　添加"风扇"清单

【第六步】将"工程量汇总表"中风扇对应的工程量输入到刚添加的"风扇"清单"工程量"栏中，并双击下方筛选出的"[B4-0474]吊风扇"子目，将其挂接到"风扇"清单子目下方，如图7-139所示。

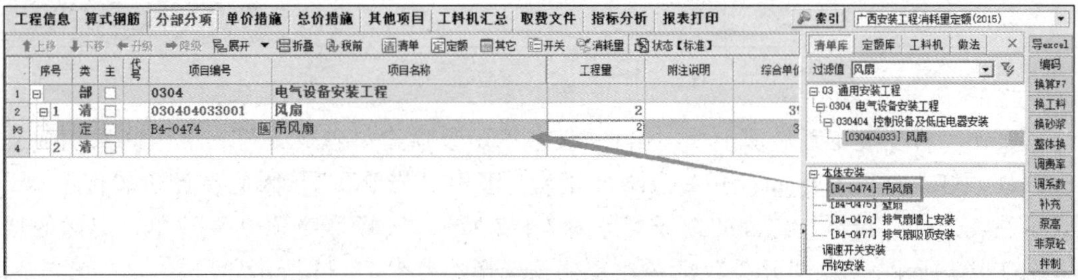

図 7-139　添加"风扇"工程量及定额

【第七步】接下来为"照明配电箱-暗装-标准"挂接做法，在窗口右侧"[0304]电气设备安装工程"下的"[030404]控制设备及低压电器安装"中，双击清单"[030404017]配电箱"子目，将其挂接到窗口左侧"[0304]电气设备安装工程"下，并输入工程量，如

图 7-140 所示。

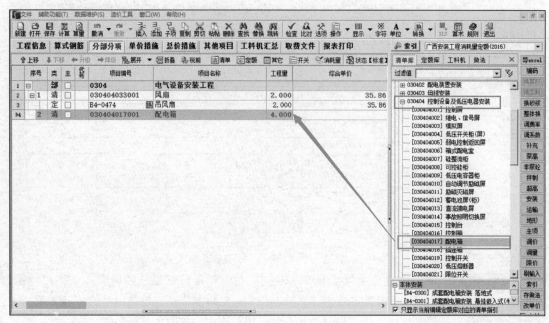

图 7-140　添加"配电箱"清单及工程量

双击清单"[030404017]配电箱"子目后,软件会自动筛选出对应的定额,双击"[B4-0301]成套配电箱安装 悬挂嵌入式（半周长 0.5m)"子目,将其挂接到清单"[030404017]配电箱"子目下,如图 7-141 所示。

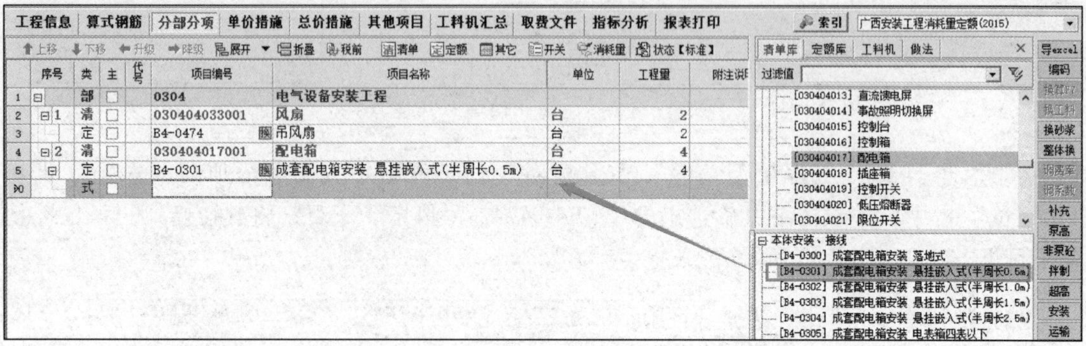

图 7-141　添加"配电箱"定额

本案例工程安装工程做法说明指出:"教室采用吸顶式单管荧光灯,卫生间采用成套环形吸顶灯,灯罩直径 100mm;开关为跷板开关,采用明装单联",因此在计价软件中,"吸顶式单管荧光灯"清单、定额的选择参考图 7-142 所示;"环形吸顶灯"清单、定额的选择参考图 7-143 所示;"照明开关"清单、定额的选择参考图 7-144 所示。

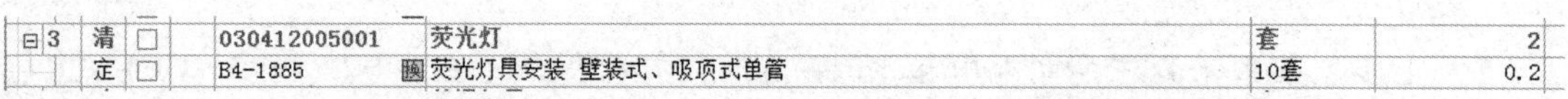

| | 3 | 清 | ☐ | 030412005001 | 荧光灯 | | 套 | | 2 |
| | | 定 | ☐ | B4-1885 | 荧光灯具安装 壁装式、吸顶式单管 | | 10套 | | 0.2 |

图 7-142　"吸顶式单管荧光灯"清单、定额的选择

⊟4	清	□	030412001001	普通灯具	套	2
	定	□	B4-1745	换 吸顶灯具 灯罩周长2000mm以内	10套	0.2

图 7-143 “环形吸顶灯”清单、定额的选择

⊟5	清	□	030404034001	照明开关	套	4
	定	□	B4-0408	换 跷板开关 明装单联	10套	0.4

图 7-144 “照明开关”清单、定额的选择

其余构件的清单、定额挂接均可参照上述思路，根据实际做法完成。电气系统清单、定额挂接完成的界面，如图 7-145 所示。

文件 计量支付(Q) 辅助功能(T) 数据维护(S) 造价工具 窗口(W) 帮助(H)

新建 打开 保存 计算 算量 撤消 重做 插入 添加 子项 复制 剪切 粘帖 删除 查找 替换 跳转 检查 比对 选项 操作 显示 字符 单位 转换 XLS

工程信息 | 算式钢筋 | 分部分项 | 单价措施 | 总价措施 | 其他项目 | 工料机汇总 | 取费文件 | 指标分析 | 报表打印

上移 下移 升级 降级 展开 折叠 税前 清单 定额 其它 开关 消耗量 状态【标准】

	序号	类	主	代号	项目编号	项目名称	单位
1	⊟	部	□		0304	电气设备安装工程	
2	⊟1	清	□		030404033001	风扇	台
3		定	□		B4-0474	换 吊风扇	台
4	⊟2	清	□		030404017001	配电箱	台
5		定	□		B4-0301	换 成套配电箱安装 悬挂嵌入式(半周长0.5m)	台
6	⊟3	清	□		030412005001	荧光灯	套
7		定	□		B4-1885	换 荧光灯具安装 壁装式、吸顶式单管	10套
8	⊟4	清	□		030412001001	普通灯具	套
9		定	□		B4-1745	换 吸顶灯具 灯罩周长2000mm以内	10套
10	⊟5	清	□		030404034001	照明开关	套
11		定	□		B4-0408	换 跷板开关 明装单联	10套
12	⊟6	清	□		030404034002	照明开关	套
13		定	□		B4-0418	换 跷板暗开关(双控)单联	10套
▶14	⊟7	清	□		030411001001	配管	m
15		定	□		B4-1412	换 砖、混凝土结构明配 电线管公称口径(20mm以内)	100m

图 7-145 电气系统其余构件的清单、定额选择

水系统构件的清单、定额挂接均可参照电气设备安装工程挂接思路，按实际做法完成。水系统清单、定额挂接完成的界面，如图 7-146 所示。

⊟	部	□	0310	给排水、采暖、燃气工程
⊟8	清	□	031004006001	大便器
	定	□	B9-0555	换 蹲式大便器安装 蹲式自闭式冲洗20
⊟9	清	□	031004003001	洗脸盆
	定	□	B9-0540	换 挂式洗脸盆冷水
⊟10	清	□	031003001001	螺纹阀门
	定	□	B9-0315	换 螺纹阀安装 公称直径 (25mm以内)
⊟11	清	□	桂031004021001	地漏
	定	□	B9-0591	换 地漏100[水泥防水砂浆(加防水粉5%) 1∶2.5]
⊟12	清	□	031001006001	PP-R塑料给水管及管件安装 dn40
	定	□	B9-0116	换 塑料给水管 (热熔连接)安装 公称外径(40mm以内)
⊟13	清	□	031001006002	PP-R塑料给水管及管件安装 dn25
	定	□	B9-0114	换 塑料给水管 (热熔连接)安装 公称外径(25mm以内)
⊟14	清	□	031001006003	PP-R塑料给水管及管件安装 dn20
	定	□	B9-0113	换 塑料给水管 (热熔连接)安装 公称外径(20mm以内)
⊟15	清	□	031001006004	PVC承插塑料排水管(粘接连接) DN100及管件安装
	定	□	B9-0110	换 塑料给水管(粘接连接)安装 公称外径(110mm以内)
⊟16	清	□	031001006005	PVC承插塑料排水管(粘接连接) DN75及管件安装
	定	□	B9-0108	换 塑料给水管(粘接连接)安装 公称外径(75mm以内)
⊟17	清	□	031001006006	PVC承插塑料排水管(粘接连接) DN50及管件安装
	定	□	B9-0106	换 塑料给水管(粘接连接)安装 公称外径(50mm以内)

图 7-146 水系统构件的清单、定额选择

暖通系统构件的清单、定额挂接也参照电气设备安装工程挂接思路，按实际做法完成。暖通系统清单、定额挂接完成的界面，如图 7-147 所示。

	部	□	0307	通风空调工程
□ 18	清	□	030702002001	净化通风管道
	定	□	B7-0194	镀锌薄钢板净化风管制作安装 风管(咬口)周长800mm以下
□ 19	清	□	030703007001	碳钢风口、散流器、百叶窗
	定	□	B7-0370	方形散流器(带阀)安装 周长(1000mm以内)
	定	□	B7-0339	百叶风口安装 周长(900mm以内)

图 7-147 暖通系统构件的清单、定额选择

4. 调整主材价格

由于定额价格为基期价，与市场实际价格存在偏差，因此，完成上述清单定额套用后，需对定额中主材价格进行调整。以本案例工程中"吊扇"子目为例说明调整过程。应先选择需调整主材价格的定额，然后单击"消耗量"按钮，如图 7-148 所示。

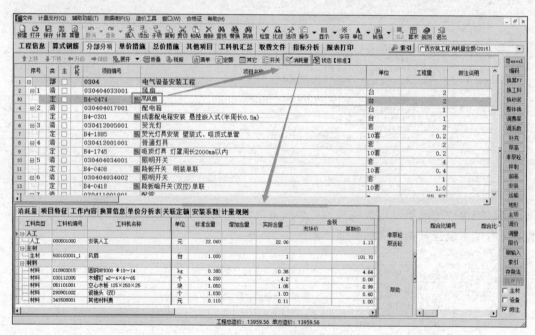

图 7-148 消耗量弹窗

接下来在网上查询得知吊扇价格均价为 90 元/台，因为采购后无需再交税，所以需将其输入至"除税市场价"，然后按键盘上的<Enter>确认，此时系统弹出一条提示框，单击"是"按钮即可，如图 7-149 所示。

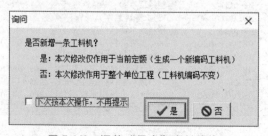

图 7-149 调整"风扇"主材价格

5. 计算汇总

其余定额主材价均可按照上述方法进行修改，本案例只修改了"风扇"的主材价格。修改完各项主材价格后，单击"计算"按钮，汇总出工程总造价，如图7-150所示。

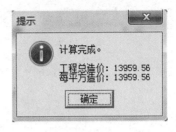

图7-150 安装工程计算结果

7.5.3 新建建设项目

1. 新建建设项目文件

建设项目管理文件，可用于管理和组织多个单位工程，单击"新建导向"对话框中的"建设项目"按钮，如图7-151所示。

图7-151 新建建设项目

单击"建设项目"按钮后，系统弹出"新建建设项目文件"对话框，在此对话框中需输入"项目名称"，完成后单击"确定"按钮，如图7-152所示。

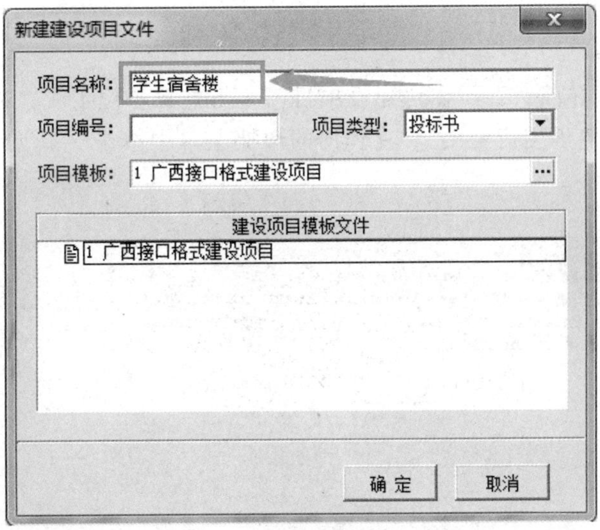

图7-152 新建建设项目文件

在系统弹出的"另存为"对话框中，设置需要保存的路径（推荐与BIM设计模型文件保存在同一路径，方便后期查找），以"Qdg2"或"Qdy2"的类型保存，如图7-153所示。

完成上述操作后，就会切换到"建设项目"界面，如图7-154所示。

图 7-153 保存文件类型

图 7-154 "建设项目"界面

2. 挂接单位工程

在"建设项目"界面后，需在"建设项目"下方挂接单位工程，相关操作步骤如下。

【第一步】右击"学生宿舍楼"，在弹出的快捷菜单中单击"新增单项工程"命令，如图 7-155 所示。

图 7-155 新增单项工程

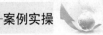

【第二步】单击"新增单项工程"后，系统弹出"新建单位工程向导"对话框，在此对话框中，本工程只需勾选"建筑与装饰工程"和"安装工程"即可，勾选完成后，单击"确定"按钮，如图7-156所示。

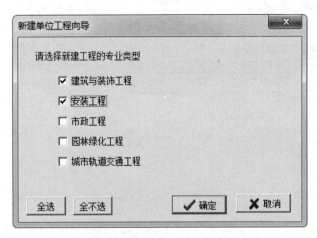

图7-156 新建单位工程导向

【第三步】完成上述操作后，切换到初始操作界面，在"新建单位工程向导"中勾选的"建筑与装饰工程"和"安装工程"也会显示在"建设项目下方"，右击"建筑与装饰工程"，在弹出的快捷菜单中单击"导入单位工程"，如图7-157所示。

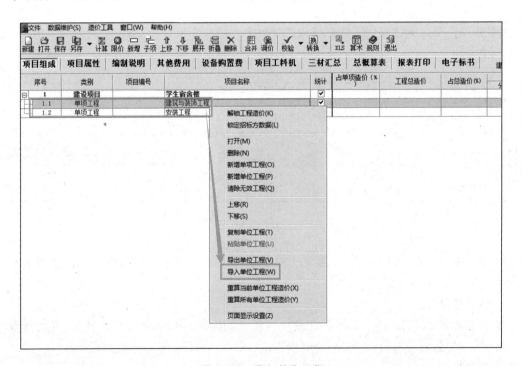

图7-157 导入单位工程

【第四步】在"打开"对话框中选择需要导入的"学生宿舍楼—土建造价文件"，并单击"打开"按钮如图 7-158 所示。

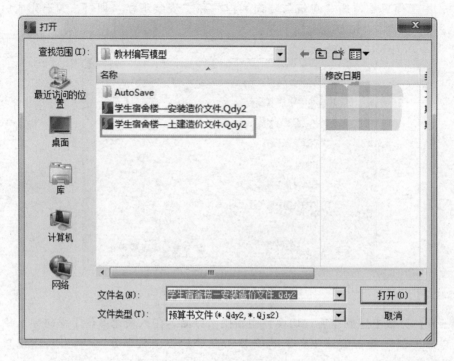

图 7-158　选择单位工程

【第五步】根据上述操作，选择导入"学生宿舍楼—安装造价文件"，完成后如图 7-159 所示。

图 7-159　挂接单位工程完成

说明：在"建设项目"中，如需对"单位工程"进行调整，只需双击单位工程名称即可进入"单位工程"界面。

3. 计算汇总

挂接完单位工程后，一个基本的建设项目就已经组成，此时单击"计算"，即可计算出"建设项目"的工程总造价，如图 7-160 所示。

4. 报表打印

单击"报表打印"按钮，在"报表打印"界面可以根据业主或操作者的需要，选择需要打印的相关报表，如图 7-161 所示。

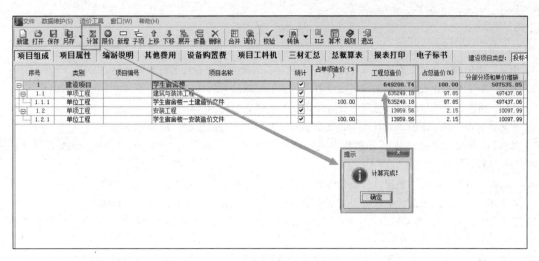

图 7-160　计算汇总

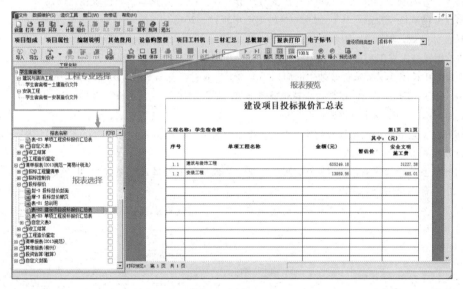

图 7-161　报表打印

参 考 文 献

［1］李慧，张静晓. 建筑工程计量与计价［M］. 北京：人民交通出版社股份有限公司，2017.

［2］徐祥. 基于虚拟建设理论的工程项目信息管理相关问题研究［D］. 广州：华南理工大学，2011.

［3］蒋宁. 面向工程造价全过程管理的分阶段控制方法研究与应用［D］. 长沙：湖南大学，2017.

［4］张慧，张超. 基于斯维尔 BIM 平台的工程造价管理［J］. 江西建材，2017（18）：221.

［5］陈西同. 斯维尔 BIM 三维算量软件在大型结构钢筋施工中的应用［J］. 山西建筑，2020，46（1）：195-196.

［6］王友群. BIM 技术在工程项目三大目标管理中的应用［D］. 重庆：重庆大学，2012.

［7］李丰呈. BIM 在工程造价中的应用文献综述［J］. 四川水泥，2018（3）：253，330.

［8］袁荣丽，朱记伟，杨党锋，等. 基于 BIM 技术的建筑工程三维算量应用研究［J］. 工程管理学报，2017，31（2）：106-110.

［9］张鸿. 探究 BIM 技术在建设工程全过程造价管理中的应用［J］. 智能城市，2018，4（9）：70-71.

［10］袁建新. 建筑工程造价［M］. 2 版. 重庆：重庆大学出版社，2014.

［11］谷洪雁，王春梅，杜慧慧. 建筑工程计量与计价［M］. 北京：化学工业出版社，2018.

［12］高群. 工程造价与控制［M］. 北京：机械工业出版社，2015.

［13］高瑞霞，徐丽，崔立杰. 工程造价控制与管理［M］. 天津：天津大学出版社，2017.

［14］李菲. BIM 技术在工程造价管理中的应用研究［D］. 青岛：青岛理工大学，2014.

［15］许昕. BIM 技术在工程造价管理中的应用研究［J］. 农村经济与科技，2018，29（16）：50.

［16］刘畅. 基于 BIM 的建设工程全过程造价管理研究［D］. 重庆：重庆大学，2014.

［17］方后春. 基于 BIM 的全过程造价管理研究［D］. 大连：大连理工大学，2012.

［18］住房和城乡建设部标准定额研究所. 建设工程工程量清单计价规范：GB 50500—2013［S］. 北京：中国计划出版社，2013.

［19］住房和城乡建设部标准定额研究所. 房屋建筑与装饰工程工程量计算规范：GB 50854—2013［S］. 北京：中国计划出版社，2013.

［20］住房和城乡建设部标准定额研究所. 通用安装工程工程量计算规范：GB 50856—2013［S］. 北京：中国计划出版社，2013.